正义的决疑

车浩 著

法律出版社 LAW PRESS·CHINA
北京

图书在版编目(CIP)数据

正义的决疑 / 车浩著. -- 北京 : 法律出版社, 2024(2025.7 重印)
ISBN 978-7-5197-7588-9

Ⅰ. ①正… Ⅱ. ①车… Ⅲ. ①正义-文集 Ⅳ. ①B82-53

中国国家版本馆 CIP 数据核字(2023)第027767号

正义的决疑
ZHENGYI DE JUEYI

车　浩　著

责任编辑 赵明霞
特约编辑 艾学瀍
装帧设计 马　帅　臧晓飞

出版发行 法律出版社
编辑统筹 法商出版分社
责任校对 裴　黎
责任印制 胡晓雅
经　　销 新华书店

开本 A5
印张 9.75　　字数 228千
版本 2024年9月第1版
印次 2025年7月第5次印刷
印刷 保定市中画美凯印刷有限公司

地址:北京市丰台区莲花池西里7号(100073)
网址:www.lawpress.com.cn
投稿邮箱:info@lawpress.com.cn
举报盗版邮箱:jbwq@lawpress.com.cn

销售电话:010-83938349
客服电话:010-83938350
咨询电话:010-63939796

书号:ISBN 978-7-5197-7588-9　　定价:68.00元
凡购买本社图书,如有印装错误,我社负责退换。电话:010-83938349

序

本书讨论了一些光怪陆离的故事，发生在一个构想中的城邦。我把这个城邦命名为“正义之城”，这并不意味着城里的事情都是正义的，而是说，每个故事都隐含着一些关于正义的争议。“正义有着一张普洛透斯似的脸，变幻无常、随时可呈不同形状并具有极不相同的面貌。”人们对正义的追求，往往寄托于“关乎善良及公平之艺术”的法律。然而历史和现实都昭示，当法律不是良法，或者良法没有被善用时，它也经常会偏离正义。

本书不是研究如何制定良法，而是探索如何善用法律，才能不让正义的期待落空。书中的每一个故事，都提出了关于正义的疑问，但答案并没有盘旋于理念天穹的抽象思辨，要寻找它们，需要俯身进入平凡的生活和具体的条文。貌似中性无感、平凡枯燥的法条文字，法的智慧藏身其中。

有些疑问，是关于爱与正义。爱有差等，但正义又要求平之如水。在甲乙丙丁的故事中，面对亲密身份和情感的交织，到底是“法不容情”还是“法不外乎人情”？

对父母“见死不救”，构成杀人罪吗？

袖手旁观虐童行为，老师是不是共犯？

情人勒索分手费，刑法管不管？

对可同情的复仇者，能否“刀下留人”？

……

有些故事的背景，是现代的陌生人社会。人们不是靠爱拉近距离，而是靠权利划定彼此边界。在张三的故事中，能否厘清群己权界，成了正义实现的关键。

试衣间里的性行为，是否违法？

正当防卫，是拳击比赛还是抗击侵略？

不作为的网络平台，能否主张“技术中立”？

常年上访，离寻衅滋事罪有多远？

……

海晏河清、现世安稳是所有善良人的愿望。当现实不尽如人意时，刑罚能帮我们解决那些意难平吗？在李四的故事中，如何挥舞如两刃之剑的刑罚，才能避免两受其害？

人贩子一律死刑，有利于保护儿童吗？

网络诽谤他人出轨，能否提起公诉？

骂保健品是毒药，构成损害商业信誉、商品声誉罪吗？

收买被拐卖的妇女罪，要不要提高刑罚？

……

法律帝国中各个部门法比邻而居，难免藩篱交错、边界模糊。道德不当、行政违法、民事侵权与刑事犯罪之间，是竞合还是界分，决定了熊老汉一家人的命运。

摆射击游戏摊，是不是非法持有枪支罪？

无证卖玉米，算不算非法经营罪？

违规经营保险，能否定集资诈骗罪？

虚报材料骗取补贴，是否成立诈骗罪？

……

以上若干故事，组成了本书的四个部分。故事中包含的疑问，每天都在“正义之城”（书中简称为J城）中上演。正义能否以及如何通过法律决疑，挑战着一个法律人的技艺、智慧和良知。对此，我只能尝试给出部分答案，且不敢确定何为正解。一直以来，法理学、部门法与公众的正义直觉，彼此间常有隔膜。本书尝试沟通，但能力所限，写下的只是一些分析的线索，留待读者诸君更多的思考。

车　浩

目录

心被拐妇女，而只是顾着在纸面上发泄怒火和表达良知。

四、刑民行交叉，如何厘清边界

谴责一个没有违法性认识的人，属于缺乏正当性的不教而诛，也违反了责任主义原理。如果司法人员完全不顾及普通人朴素的正义直觉，就会降低法律的道德信誉，司法权威逐渐削弱，犯罪控制能力不升反降。

枪对公共安全的重要性，不仅仅是实际杀伤力，还包括枪支可能致人伤亡的暴力形象。刑法上的“非法”概念，不是指与某一项具体法律规定相抵触，而是指与包括成文要素和不成文要素的整个法秩序不相容。

由于现阶段实行的“社会主义市场经济”，既不是完全的计划经济，也不是彻底的市场经济，因此，才会有投机倒把罪这只“大口袋罪”的废除，以及非法经营罪这只“小口袋罪”的继续存在。

更重要的是，随着时代发展、社会变迁以及治理方略的调整，“社会主义市场经济体制”必然会“法与时俱转”地发生改变。相应地，以“社会主义市场经济秩序”作为保护法益的非法经营罪，其入罪范围也往往处于一种变动不居的状态。

行政法上的“违规集资”，不等于刑法上的“非法集资”。非法

一

爱有差等，如何平之如水

❶ 对父母“见死不救”，构成杀人罪吗？

导读

甲是J城的一位演员。某日，甲带着自己的母亲和女友去湖里划船，不料因漏水翻船，甲的母亲和女友掉进湖里。两人都不会游泳，大声呼喊会游泳的甲来救命。甲判断了当时的情况，从落水处到湖边的距离来看，甲只能来得及救出一个人。最终甲选择了先救女友，其母亲被水淹死。

此事在J城引起轩然大波，甚至成为J大法学院的考试题。教授公布的答案是：甲构成不作为的杀人。至此，“女友和母亲同时落水，先救谁”这个爱情场上的千古难题，似乎有了一个标准解答——先救母亲。但是关于这个问题的思考并没有结束。

为什么子女对父母有刑法上的救助义务？不救助，就要承担杀人罪的法律后果？这种义务来源，究竟是基于紧密共同生活体中彼此照顾的道德性义务，还是源于家庭成员彼此之间的相互信赖，抑或是产生于家庭内部领域的控制性支配，或者还存在其他的思考角度？尤其是，对这种救助义务的确定，是否需要参酌特定社会的具体语境？

“救母亲还是救女友”并不是一笑置之的书斋式想象。故事深处，是值得认真对待的法理思考。

“女友和母亲同时落水，先救谁？”这个爱情场上的千古考验，自从出现在J大法学院考试题目中，就此摇身一变，成为法律人津津乐道的话题：先救女友而未救母亲，是否构成犯罪？

答案有多重可能。

其一，如果一个人对母亲没有救助义务，结论当然是无罪。

其二，如果一个人对母亲和女友都有救助义务，那么无论救谁，对另一个未获救者来说，行为人都将因为未履行救助义务，而满足了不作为杀人在构成要件层次的特征，并因此被暂时推定为不法。

只不过，在接下来的违法性层次的检验中，通过义务冲突的法理，来推翻之前暂时推定的不法，最后因不具有违法性而得出无罪结论。

其三，如果一个人仅对自己的母亲有救助义务，那么，先救女友而未救母亲的行为，就满足了不作为杀人的构成要件特征。接下来，在违法性层面，鉴于生命的等价性，抢救的利益（女友的生命）并不大于损害的利益（母亲的生命），不能成立阻却违法性的紧急避险，也找不到其他的出罪理由。

既然违法性层面挡不住入罪的脚步，就再往下进入责任层面的检验。此时，倒是可以考虑阻却责任的紧急避险，毕竟，损害的利益（母亲的生命）也不大于抢救的利益（女友的生命）。于是，在入罪检验的最后一关，得出无罪的结论。

这就是“先救女友而未救母亲”的归责思路。

被放弃的形式作为义务

可以看出,这道题目的考核关卡重重,藏有不少刑法理论上的知识点。而在逐层深入迷宫之前,首先要推开的大门是:一个人对陷入险境的父母是否有救助义务?对父母见死不救是否构成不作为的杀人罪?

显然,这个问题构成了整个思考的逻辑起点。

然而,这并不是一个没有争议的问题。可以说,迄今为止,刑法理论上尚无共识,即使持肯定态度的,具体答案的范围和理由也很不一致。

先说否定的一方。

有的观点认为,子女对父母没有刑法上的救助义务。理由是,不能把宪法、婚姻法等法律规定的义务等同于刑法上的义务。前者仅仅是一种赡养扶助义务,而后者是一种危难救助义务。

但是,这种看法与其批评的对象一样,都陷入同一种思维模式,即把刑法上的作为义务的有无,寄托于其他法律的规定。这种被称作“形式的法律义务”的理论,虽然起源较早,但是在晚近几十年的学术讨论中,已经被认为是一种过时、错误的观点。

例如,《消防法》第5条规定,任何单位和个人都有报告火警的义务。但是,普通公民并不会因为不报警而承担刑事责任。此类例子在法律体系中不胜枚举。

不履行刑法上的作为义务,是要由此得出犯罪的结论,如果仅仅由其他法律义务,就直接导出刑法上的义务,那就是把犯罪简单地等同于违法违规加上严重后果了。因此,一个(刑法之外的)法律规定的义务,对于肯定一个刑法上的作为义务而言,是远远不够的。

概言之，有其他法律规定的义务，未必就有刑法义务；没有其他法律规定的义务，也未必就没有刑法义务。

实质作为义务从哪里来

在抛弃掉形式的作为义务理论之后，学界开始为作为义务的来源寻找实质性根据。由此产生了"保证人地位"的概念。一个人的作为义务从哪里来？它来自这个人是否具有防止危害结果发生的保证人地位。那么，子女对父母有保证人地位吗？

多数观点对此持肯定回答，但是理由各异。

例如，通过道德主义进路来证成。德国法院肯定子女对父母的保证人地位，理由是"紧密生活共同体中的成员，彼此间有对身体和生命进行照顾的道德性义务，能够成为刑法上的义务"①。

又如，根据"信赖理论"，当父母子女共同生活在一个家庭里时，彼此相互信任，也可以期待对方在必要时能保护自己免受危险。

还有一种"支配理论"主张，子女对父母的保证人地位，是从一种家庭内部领域的控制性支配状况中产生出来的。

需要说明的是，在纯正的不作为犯的场合，刑法条文中已经明确规定了作为义务。此时，当然没必要也不允许，越过法条去认定作为义务。

但是，在不纯正不作为犯的场合，保证人地位所要解决的问题，本来就是在缺乏刑法规定的情形下，为了摆脱形式义务说的表面敷衍，为一

---

① 《帝国法院刑事判例集》(RGSt)第61卷，第71页。

个人为什么具有作为义务寻找实质根据。

而这种实质根据，必然要在形式上带有某种"超法律"的性质，这的确与罪刑法定原则之间存在紧张关系。但只要承认不作为犯的存在，这也是无计可施之事。

接下来，我要谈的个人观点，受到英国人类社会学派和费孝通先生的启发，尝试从一个功能主义的角度，为父母子女之间的救助义务寻找根据。

生育制度与家庭保证人

与针对所有人的"不得杀人"的禁止规范不同，"必须救人"的命令规范仅仅是针对一小部分人而言的。依照通常观念，杀人与救人有明显区分，前者是做坏事，后者是做好事。

法理上也是如此。在作为犯的场合，行为人的作为是促进一个迈向侵害后果的因果流程，箭头指向的是不利的后果。正是因为行为人没有侵害他人的自由，所以必须让他为这种作为承担责任。

相反，在不作为犯的场合，被期待的作为，是阻击或者中断一个迈向侵害后果的因果流程，这个箭头的指向，是与不利的侵害后果相反相逆的方向。

这种破坏因果流程的支配，将会带来维护和增进他人法益的后果，也就是在"做好事"。在没有损害而是增进他人福利的地方，行为人应当是自由的，拥有作为与否的自我决定权。

简单地讲，积极的作为可导出责任，而消极的不作为本来是意味着自由。现在问的是:国家用刑罚权要求一个本无责任者缩减自己的自由去救人,凭什么呢?

仅仅是为了避免特定的损害结果出现,这个理由显然不够。否则,所有看到儿童落水而不救助的路人,因其作为能够避免结果出现,岂非都要承担不作为杀人的责任!

在我看来,之所以只有一小部分人会被要求必须救人,是由于这部分人不救助的后果,不仅仅是没有避免特定案件中的损害,还会带来更加严重的后果,以至于社会无法承担。

那么,要什么样的严重后果,会让社会因无法承受而动用刑罚手段呢?

不妨来做一个思想实验。假设人类社会不断地缩减,人口数量减少,社会分工退化,人际交往减弱,养老院、幼儿园、福利院、医院等机构所承担的保证人义务,也慢慢地退回到个人身上。

那么,人类社会最小可以缩减到什么程度,而仍然能够保持恢复和重建的希望呢?

显然,这个缩减的底线,是至少要有异性之间的结合,由此才能繁衍生息,社会才会在我们这个思想实验中,逐渐地恢复元气,满血复活。

然而,正如费孝通先生指出的,生殖本来是一项损己利人的行为,因为新生命的产生都要靠母体的消耗和亏损。因此,按照趋利避害的本性,生育并不是人在本能上积极追求的目标,不过是追求性满足时的副产品而已。

“在没有意识的生物中,人己的成全只能说是上帝的巧妙安排,从性行为到抚育，用了生物机能加以联锁住。在为己的行为中轻轻地插入一项性欲，生物们一贪片刻的欢娱，造下了三生的孽债，将错就错地把种族绵续了。种族绵续决不能说是个体所要求的，而是性的满足中不经意的生理结果。”①

但是，作为万物的灵长，人类本不必受制于这造物主的设计，因为人有能力通过各种避孕或者禁欲手段，跳出从性行为到生殖，从生殖到抚育之间的生物机能的连环。

这样看来，生育繁衍的不息，不是一种受制于造物主的不得不的现象，而是因为其本身具有延续社会和种族的功能。而婚姻家庭，正是保障生育功能顺利实现的最有效的制度。在这个意义上，家庭的核心功能不是性，也不是爱，而是生育。

进一步来说，家庭成员相互救助的保证人义务，是生育功能正常运转的必要条件。在抚育的过程中，父母必须保证子女的法益安全。否则，失去了抚育的对象，生育对补充社会人口进而保证社会维持和更替的效果，也必然落空。

幼年子女的法益，处于比较脆弱的、易受伤害的阶段，父母应当避免其受伤。特别是在子女陷入现实紧迫的法益无助状态的境地时，如果父母有能力阻止危害结果的出现但法律允许其坐视不理，这就从根本上摧毁了生育和家庭的存在意义。生育制度也就失灵了。

因此，父母对幼年子女的保护，特别是在法益无助状态下的救助，是

---

① 费孝通：《乡土中国　生育制度》，北京大学出版社 1998 年版，第 112 页。

生育功能得以运转的基本前提，更进一步说，也是通过生育制度使得社会得以更替和维持的必要条件。

反过来说，正是由于具有使社会得以更新和维持的原始功能，在子女陷入法益无助状态时，父母就是负有国家以刑罚手段威胁其履行的救助义务的保证人，这已经是最终极的根据，不再需要其他的理由。

中国式家庭结构

或有疑问认为，即使基于生育的重要性，承认父母对子女的保证人义务，但是成年子女与老年父母之间，不再是一个承担生育和繁衍功能的家庭结构，凭什么说，子女对父母也应当承担危难救助义务呢？

的确，相对于父母对幼年子女的救助义务而言，子女对父母的救助义务，需要更详尽的论证，特别需要在特定社会的具体语境下展开。

一方面，“养儿防老”的传统观念在中国社会仍然根深蒂固。在没有建立起完善的社会福利体系之前，父母的养老基本上仍然依赖于子女。如果“防老”得不到保障，对个体来说，“养儿”的必要性和价值反过来就会受到重大冲击，这就会催发出一个严重阻碍生育功能的反向激励。

另一方面，与西方社会不同，在现今的中国社会，即使在子女已经成年之后，父母也没有退出子女的生活，成为两个相互独立的家庭。相反，往往是以一种更加紧密的渗透方式，例如，为子女购房出首付，帮助子女找工作，为子女带小孩等，仍然在成年子女的家庭生活中扮演非常重要的角色。

并且,绝大多数情况下,这种角色是一种从财力到人力的单向付出。在中国并且也只有在中国,"可怜天下父母心"这句话能得到最充分的注释。

因此,即使纯粹从功能主义的角度出发,在中国社会的特殊语境中,成年子女对老年父母的保证人地位,作为整个中国式家庭结构的一部分,同样是家庭的生育功能能够正常运转的一个重要条件。

这种救助义务,不应受到是否共同生活等特定事实的影响。例如,老年父母与成年子女可能不是一个生活共同体,但是,在父母陷入法益无助的危难状态时,子女有能力救助的情况下,必须履行救助义务。这不仅仅是道德义务,也与是否共同生活无关,而是中国式家庭结构能够存续,并正常发挥维持社会运转功能的必要条件。

最后的结论是:在刑法上,子女对陷入险境的父母有救助的义务。在没有出罪事由的情况下,对父母见死不救的,应当按照不作为的杀人罪论处。

再回到"女友与母亲同时落水先救谁"这道题。在法律人群体内部,也有人认为这样的案件是极其少见的,"谁近先救谁""根本没时间选择",这些"机智的"回答在法律圈内外赢得了不少人的共鸣。

但是,抛开情节的戏剧性不谈,这种小概率的"想象题"中蕴含的法理,不受外包装形式的影响,而是在抽象层面独立而深刻地存在,显示出超越一题一事的普遍意义。

例如,眼见父母心脏病突发,能救而不救,成立犯罪吗?这些生活中完全可能真实存在的案件,它的基本法理,构成了"救女友还是救母亲"

这个问题的逻辑起点。如果仅仅以“谁近先救谁”这样的机智轻飘飘地过关，那么，遇到类似案件时，就不知如何应对了。

所以，各种“戏说”的背后，并不都是戏。段子深处，有值得认真对待的法理问题。

关键是，你是想看热闹，还是想看门道呢？

② 袖手旁观虐童行为，老师是不是共犯？

导读

甲的女友乙在J城幼儿园当老师。某日，多名群众向媒体举报，声称自己的孩子在J城幼儿园里被乙针扎，并提供了孩子身上多个针眼的照片。此事在短时间内形成舆论热点，引发人们的关注和愤慨。

经过法院审理，幼儿园教师乙针扎儿童的行为，被认定为虐待被监护、看护人罪，判处有期徒刑一年六个月，同时被禁止自刑罚执行完毕之日或者假释之日起五年内从事未成年人看护教育工作。

案件结束了，不意味着法理上的思考结束。值得追问的是，如果在幼儿园里，出现了某种虐待儿童的行为，那些对此知情但未予制止或报警的教职员们，在刑法上是否有责任呢？幼儿园教师除了自己不能伤害儿童之外，是否有义务保证儿童不受到他人伤害？

在此之外，更深层的问题是，由这一个案引发的全社会对幼教行业的不信任，究竟应该如何化解？

舆情汹涌数日之后，幼儿园虐童事件，终于经过司法程序被查明真相。

根据法院判决认定的事实，被告人乙在所任职的班级内，使用针状物先后扎了3名幼童。法院认为，“乙身为幼儿教师，本应对其看护的幼儿进行看管、照料、保护、教育，却违背职业道德和看护职责要求，使用针状物对多名幼童进行伤害，情节恶劣，其行为严重损害了未成年人的身心健康，已构成虐待被看护人罪，依法应予惩处”。

事件到此似乎可以告一段落。但是，由此引发的思考远未结束。

袖手旁观者，亦是保证人

经验上来看，幼儿园的每个班都会配备多名老师，如果乙只扎过某个儿童一次，其他老师可能没有注意，但是，有多名儿童被扎多针，且已成为一种管教睡觉的手段，再说同班其他老师和幼儿园管理层对此毫不知情，就有点令人难以置信了。

如果这一推理成立，接下来的问题就是，假设在一家幼儿园里，出现了某种虐待儿童的行为，那些对此知情但未予制止或报警的教职员们，在刑法上有没有责任呢？

回答是肯定的。

每一位从事幼教工作的人，对于所看护的儿童，都具有刑法上的保证人地位。他们不仅自己不能去伤害儿童，而且要保证儿童不受到他人伤害。《刑法》第260条之一规定，对未成年人、老年人、患病的人、残疾人等负有监护、看护职责的人虐待被监护、看护的人，情节恶劣的，处3

年以下有期徒刑或者拘役。在笔者看来，这里的“虐待”，不仅是指亲自实行意义上的虐待，而且包括使儿童在幼儿园期间免受他人的虐待。

这个保护儿童免受虐待的义务，本身就是《刑法》第260条之一规定的“监护、看护职责”中最基本的底线职责。只不过，违反了一般的监护、看护义务，可能只涉及民事责任，但是，违反保护儿童免受虐待的义务，则是违反了刑法上的作为义务，按照不作为犯的基本原理，应与直接实施虐待行为的作为犯等同评价。

为什么要这样解释法律？为什么幼儿园老师会有如此高的保证人地位，以至于要用刑罚威慑督促其履行义务？

这首先要从父母的保证人地位说起。家庭关系中的保证人具有维系社会的基本功能，是社会存续所必需的、最低保留的保证人类型。

这与生育制度的功能有关。生育对社会存续具有不可克减的重要性，而父母的保证人义务则是生育功能正常运转的必要条件。子女在成年之前，法益处于比较脆弱的、易受伤害的阶段，在陷入现实紧迫的法益无助状态时，如果父母有能力阻止危害结果的出现，但法律又允许其坐视不理，这就从根本上摧毁了生育和家庭的存在意义，生育制度也就失灵了。

由此可见，父母对未成年子女的保护，是生育功能得以运转的基本前提，具有使社会得以更新和维持的原始功能，因此，在子女陷入法益无助状态时，父母负有国家以刑罚手段威慑其必须履行的救助义务，这已经是最终极的根据，不再需要其他的理由。

但是，随着社会发展，家庭成员之间已经难以独立、完整地履行相互间的保证人义务，此时，就出现了社会分工，家庭功能经过委托和分配，衍生出其他类型的保证人，例如，幼儿园、养老院等机构，它们在很大程度上纾解了家庭成员的保护义务的负担，也保障着社会在更加复杂的情况下继续维系和保持更替。

因此，幼儿园老师的保证人地位，派生于父母的保证人地位，是经由制度和合同正式确立下来的，对家庭成员的保证人身份的模仿和复制。

所以，身为父母，看到自己的小孩落水而不救，构成不作为的杀人。一位幼儿园老师，在工作期间和工作环境中，看到自己看护的儿童落水而不救，也构成不作为的杀人。

同理，父母放任他人虐待自己的子女，构成不作为的虐待罪。一位幼儿园老师，在工作环境和工作期间，坐视他人虐待自己所看护的儿童，也要因为违反了保护被看护人免受虐待的义务，构成不作为的虐待被监护、看护人罪。

至于那个实施虐待行为的“他人”，是幼儿园外部的社会人士，还是幼儿园内部的同事，都在所不问。刑法并不会因为虐待行为来自同事，就免除义务主体保护儿童免受虐待的责任。这道理也很简单，正如不能因为伤害孩子的人是母亲，父亲就可以袖手旁观。

此外，坐视不理的不作为者与亲自实施的作为者之间，究竟是何关系，在刑法理论上尚存在重大争议。但无论是正犯还是共犯，没有争议的是，不作为者都应当承担刑事责任。

不作为的虐待

在类似虐童案中，侦查取证工作需要全面展开。如果确认幼儿园中的某位人员涉嫌虐待，那么，涉案人员就不仅是这一个施虐者，还可能包括其他对此知情的幼儿园教职人员。

无论是直接作为的施虐者，还是与施虐者带同一班的其他老师，以及监管整个幼儿园工作的管理层，都负有保护儿童免受虐待的刑法义务。只要能够查实对施虐者的行为知情而又放任的，均涉嫌构成虐待被监护、看护人罪的不作为犯。

在这个意义上，一个与外界相对隔离、半封闭运营的幼儿园，就是一个保证人聚集的共同体。其中一个老师的犯罪，就可能造成整个幼儿园的集体犯罪。

这不是修辞泄愤，也不是道德审判，这就是法律。不需要法律之外的媒体渲染，也不必因为仅查出乙一人实施虐待而感到不公。正义不会缺席，法律也不会沉默。认为法律无能为力的，只是不懂而已。

围绕《刑法》第260条之一规定的"虐待"，不作为犯的教义学原理编织出一张严密的法网，使得该罪能够得到正确的理解和适用。同时，呈现幼儿园与其他社会机构的根本差异：

在这样一个从家长手中接管了儿童看护义务的半封闭环境中，刑法既是禁止规范也是命令规范。它不仅禁止老师直接伤害和虐待儿童，同时命令老师保护儿童免受伤害和虐待。

一言以蔽之，施虐者有罪，知情不举者，与施虐者同罪。

从效果上来看，作为保证人的老师之间的相互监督，可能比那个冰冷的摄像头更加有效。更重要的是，这足以回应人们的正义直觉，完整地揭示出幼儿园这种特殊社会机构运行的应有形态，也才能由此真正激发起幼儿园老师对自己职业的深刻理解、热爱和敬畏。

育人之心

最后说两句法律之外的话。

事情已经发生了，令人愤怒，但也没必要把某个人甚至整个幼教行业妖魔化。若确如警方所说，犯罪人采取针扎手段，是出于管教不睡觉的儿童的目的，那么，这一行为当然要受谴责，但也还不至于被唾骂成永世不得翻身的地步。将这种行为评价成刑法上的虐待，在认定"情节恶劣"的情况下，让行为人付出牢狱的代价，已经足以严厉地表明对它的否定和谴责。

应当区分个案与行业。幼教行业的出现，本来就是为了分担父母养育责任而产生的社会分工。因为某个医生的渎职而攻击整个医疗行业，因为某个学者的学术不端而贬低整个研究领域，因为某个记者收黑钱而羞辱整个新闻界，类似"爱屋及乌"的愚蠢言行，不应当在幼教行业重演。

因为你我他每个人，都是某个行业中人，今天谁又敢站出来为所有同行背书，保证自己所在的，就是一个肯定不出败类的行业呢。

我也是一个教育工作者。大学老师和幼儿园老师，在承担育人职责这一点上是同行。在高校里，有很多科研能力很强的学者，但并不一定是个好老师，他们即使喜欢讲台，也只是喜欢在上面展示自己的风采；但是对于讲台下的学生,并没有什么感情。

据说是雅斯贝尔斯充满诗意的表述,“教育的本质意味着,一棵树摇动一棵树,一朵云推动一朵云,一个灵魂唤醒一个灵魂”。而要做到这一切,前提是要有爱。

这是教育行业的特殊之处。它要求教育工作者把对自己子女的责任和爱,移情到受教育者身上。除此之外,没有一个行业是如此要求的。因此,这也是教育行业的高贵之处。

用钢针扎孩子的人,不配称作老师。因为,没有一个父母会这样对待自己的孩子。如果有,也不配为人父母。

因此,教育说到底也很简单。幼吾幼以及人之幼,对普通人是道德吁求,对教育工作者来说,就是一种工作准则。

我知道,一定会有人说这是唱高调。这的确很难。但是人生是可以选择的。所以,觉得自己不具备这份爱心,或者已经耗尽的,还是不要进入或者退出教育行业。三百六十行,做什么不好,何必害人害己呢。

以上,与包括幼儿园老师在内的所有教育工作者共勉。

❸ 情人勒索分手费,刑法管不管?

导读

甲在与女友乙结婚后,又与情人丙同居多年后提出分手。丙挽留不成,心生怨恨,将与甲的交往信息曝光在社交媒体上,舆论哗然。甲找丙谈判,丙以曝光更多隐私信息相威胁,向甲索要分手费,甲向警方报案,最终丙被法院以敲诈勒索罪判三缓三。

丙敲诈勒索案成为一个标志性案件,将近年来各类名人的分手大戏推向了一个新的高潮。

在分手过程中,伴随出现索财方以个人隐私相威胁索要"分手费"的情形,经常见诸于媒体报端,引发社会各界热议关注。这其中,绕不开的法律问题就是:因情感纠纷索要财物,能否构成敲诈勒索罪?

看似简单的一问,潜藏着一系列值得深思的问题:在处理婚外情人索要分手费的问题上,刑法和民法的结论一致吗?如何确定分手费的数额,允许情人漫天要价吗?不构成敲诈勒索罪的话,是否意味着刑法就完全不管了?感情是两个人的共同经历,公布双方交往信息,能成为敲诈手段吗?

要回答这些追问,既需要充分运用法教义学上的解释技巧,也需要审慎确认关于情感关系、道德责任和社会信任的基本立场。

演艺圈艺人分手的“大瓜”经常是接踵而来,让吃瓜群众应接不暇。继甲被丙敲诈勒索曝光后,又有某歌手与友人的聊天记录被前女友在社交媒体公开。事件发酵后,当事人道歉并宣布退出娱乐圈。据媒体报道,该歌手的女友因曾索取分手费,涉嫌敲诈勒索罪,被警方采取强制措施。

此事曝光后,又有网友惊呼,在一些明星离婚事件中,也涉及女方曝光男方隐私问题,但与财产挂钩较为隐晦,且女方始终不承认是为了钱;如果万一被证明存在关联,是否也会涉罪?或者说,离婚事件中的财产争议以合法婚姻为基础,因此必然与敲诈勒索无关吗?

认定敲诈勒索罪与其他犯罪一样,都要经过客观构成要件和主观构成要件的检验。客观构成要件的内容,是行为人以实现某一恶害相威胁,向被害人索要财物。主观构成要件,则在明知并决意实施以上行为之外,尚需具备对于财物的非法占有目的。一个行为构成敲诈勒索罪,需要齐备上述主客观要素。如果有一点不符合,则排除成立犯罪。

本文不是对具体个案的评议,而是针对此类社会现象与敲诈勒索罪的关系,展开一般性讨论。讨论的意义是,这个问题不仅被社会上的吃瓜群众关注,而且对于专业的刑法理论与刑事司法实务来说,一直以来也是晦暗不明,希望借此起到论证和澄清的效果。

债务作为出罪事由,排除财产犯罪

一般认为,以合法婚姻为基础的离婚,双方就财产分割事宜提出要求并谈判,是处在法律允许和保护的范围之内的(但有些特殊情形也未必,下文会提到)。至于说,合法婚姻关系之外的情人关系,或者类似于事实婚姻的“小三”身份,在分手时主张各种形式的“分手费”或“补偿费”,通常不会得到民事法律的支持。这一点,在曾经引起广泛关注的“泸州二奶遗赠案”中,已被法院不支持诉讼请求的判决广而告之。

但是,在民法上不支持的,是否在刑法上就会被否定呢?

回答是未必。因为刑法上考虑问题的基底,始终是实质性判断而不是民事法律关系的形式判断。这话说起来让人感觉有些抽象和不好把握。下面就从一个看似与敲诈勒索罪毫无关系的刑法条文切入,来展开探讨(需要一个简单的逻辑推导过程)。

《刑法》第 238 条第 1 款(非法拘禁罪)规定,“非法拘禁他人或者以其他方法非法剥夺他人人身自由的,处三年以下有期徒刑、拘役、管制或者剥夺政治权利。具有殴打、侮辱情节的,从重处罚”。该条第 3 款规定:“为索取债务非法扣押、拘禁他人的,依照前两款的规定处罚。”

首先要问的是,《刑法》第 238 条第 3 款规定的含义何在?如果说有人认为,该条意味着提醒法律适用者,“即使是债权人也不能扣押拘禁他人,否则就按非法拘禁罪论处”,那么这就是将法律朝着无用废话的方向去理解了。因为按此逻辑,立法者还应该在其他条文中规定“即使是债权人也不能诈骗”“即使是债权人也不能杀人”等。这显然是荒谬的。

该条真正的含义,应当是“如果基于债权债务关系而索要财物,那么排除抢劫罪或绑架罪的适用,仅构成较轻的非法拘禁罪”。之所以如此理解,是因为抢劫罪的客观构成要件与非法拘禁罪的客观构成要件,在很多案件中可以出现重合的情形,此时两罪的区分就在于主观构成要件层面是否存在“非法占有目的”。

例如,A采用扣押、拘禁的方式向B索要财物,客观上实施了“暴力取得财物”的行为,主观上具有非法占有目的,本应构成抢劫罪。但是,如果A向B索要的财物,是B欠A的债务,则按照《刑法》第238条第3款的规定,A不构成抢劫罪(重罪),而是构成非法拘禁罪(轻罪)。既然A的行为在客观上完全符合抢劫罪的构成要件,那么,其不构成抢劫罪的理由,只能是因为主观上不符合抢劫罪必备的“非法占有目的”。

由此可以推出,债务是排除“非法占有目的”的一个重要事由。又因为“非法占有目的”是包括抢劫罪、盗窃罪、诈骗罪、敲诈勒索罪等所有财产犯罪的共同必备的主观要素,因此这就意味着,债务是排除所有财产犯罪成立的一个重要事由,包括敲诈勒索罪。因债务而排除非法占有目的之后,财产不法的部分随之取消,只留下人身犯罪的不法。对人身的侵犯属于拘禁行为的,就定非法拘禁罪,构成伤害的,就定故意伤害罪。

至此,可以说是取得了一个刑法教义学上的重要结论。这一结论绝非显而易见或理所当然。如果真正了解德日刑法学界和实务界对于“基于债务取财是权利行使还是财产犯罪”的激烈争议迄今为止仍未取得共识的情况,就会明白,上述从《刑法》第238条规定中抽离出来的“债务排除非法占有目的”以及“债务排除财产犯罪成立”,是一个完全基于本土立法提炼而出的教义学规则,而不是附和了某种被引入和支持的外国学说。

“法律不予保护的债务”，也能排除财产犯罪

可能有读者根据上面的推理结论，会认为这正好体现了民法评价与刑法评价的一致性，因为民事上受保护的债务，同时成为刑法上排除犯罪的理由。但是，这个想法过于简单。下面的这个司法解释，会推进我们对这个问题复杂性的理解。

2000年7月13日公布的最高人民法院《关于对为索取法律不予保护的债务非法拘禁他人行为如何定罪问题的解释》规定，行为人为索取高利贷、赌债等法律不予保护的债务，非法扣押、拘禁他人的，依照《刑法》第238条的规定定罪处罚。

在这个迄今有效的司法解释中，最高人民法院规定，行为人为索取高利贷、赌债等不受法律保护的债务而拘禁他人的，也不构成抢劫罪，仅构成非法拘禁罪。这就说明，即使是法律上不受保护的债务，仍然可以成为排除“非法占有目的”的根据，进而排除财产不法，不成立财产犯罪，而只能按照非法拘禁罪等人身犯罪论处。由此可以提炼出的规则是：无论债务是否受法律保护，均可以成为排除财产犯罪的事由。

这是一个非同小可的教义学规则。一方面，它在德日争议不休的“权利行使与财产犯罪”的基础上又向前跨进了一大步。即使没有权利基础，只要事实层面上存在债务，就不构成财产犯罪。另一方面，它也将一直以来困扰学界的刑民关系的面纱，彻底性地掀开重要的一角。

如何理解“非法占有目的”中的“非法”？所非之“法”，到底是什么法？如果说，《刑法》第238条第3款的规定，或有可能给人留下“所非之

'法'乃是民事法律"的印象，但是，2000 年司法解释则明确宣示，即使是不受民事法律保护的债务，也仍然与受到民法保护的债务一样，能够发挥排除"非法占有目的"的功能。

因此，这里的"法"不是局限于形式和规范意义上的民事法律秩序，而是一种实质性的、整体性的、更为广阔的法秩序，它包括当事人双方在事实上形成的合意。

赌债、高利贷等事实债务，尽管在民事法律规范上是不受保护的，但是，参与赌博的各方，借放高利贷的各方，都是在事实上基于自我决定形成了合意。按照我一直所主张的引导型的刑法家长主义立场，刑法对于自愿参与违反善良风俗甚至违法活动的人，即使不通过最严厉的刑罚手段去直接禁止，但是也通过一种不予保护的方式，让参与人承担压力、自负其责，由此反向激励人们避免参与此类行为。

因此，由于追债者不具有刑法上的"非法占有目的"，其索要债务的行为不构成任何财产犯罪。对于那些欠了赌债或高利贷而被债主追债的人，刑法撤掉了作为重罪的财产犯罪的保护屏障。

非婚的情感关系，是分手费的债务基础

以上论述，与本文要讨论的索要"分手费"有何关系？

2000 年司法解释中，使用了"高利贷、赌债等法律不予保护的债务"这样的表述，意味着除高利贷和赌债外，还可以包括其他债务。而因情人关系产生的所谓"分手费"，在满足成立某种事实债务的前提下，可以被归入这里的"等法律不予保护的债务"之类。

因此，不仅是合法婚姻的双方在离婚时，可以就财产分割问题形成争议并受到法律保护，而且在一些明星的情感纠纷中，虽然不具有合法婚姻的外壳，仍然不能因此就轻易地将其中出现的索财行为认定为敲诈勒索罪。因为敲诈勒索罪是一种典型的财产犯罪，同样是必须以行为人主观上的“非法占有目的”为基础的。如上所述，判断其中的“非法”，则不能仅根据民事法律上的合法性，而必须综合考虑各种事实因素。

特别是，当具体个案中存在同居等情形，足以认定双方基于感情和生活的基础，建立了一种“类婚姻”的非婚姻关系，而且在这种关系中，一方不对等地接受了另一方的照顾或付出，由此形成了某种事实上的“感情债”，那么，在这种关系结束时，另一方提出“分手费”等索财要求，就不能认为是毫无事实基础的。即使这种“感情债”在民事法律上不受保护，也可以成为一种刑法上的索财根据，排除敲诈勒索罪中的“非法占有目的”。

与此相反，双方虽然存在情感纠葛，但是既不存在同居生活的事实婚姻关系，也不存在一方对另一方的不对等付出，无法形成事实债务，索要这种“分手费”就是缺乏根据的。在此类案件中尤其需要避免的是，忽略或者放弃是否存在事实债务的实质判断，仅仅因为索财方是女性，就出于同情心理，简单地对所谓“青春损失费”等名义予以支持。

因此，在此类敲诈勒索案中，不能简单地以非婚关系为由，直接否定女方的索财基础，而必须具体地核查案件细节，如是否有长期同居关系，是否有不对等的照顾付出等因素，来综合判断双方的情感关系，是否达到了足以形成某种事实债务的程度，能否以债务为由排除非法占有目的。

如果回答是否定的，那么，这种既缺乏法律根据，又缺乏事实基础的勒索财物的行为，就不能排除“非法占有目的”，极有可能构成敲诈勒索罪。相反，如果回答是肯定的，就像媒体披露的甲被丙敲诈勒索案中的情况，双方有长期同居生活的经历，形成了一种“类婚姻”的非婚关系，进而形成了一种有事实基础的“感情债”，这种“债务”尽管不受民事法律保护，但是在刑法上，却可以成为排除女方的非法占有目的，进而排除敲诈勒索罪的理由。

看到这里，相信一定有读者会质疑，丙最后不还是被判处敲诈勒索罪了吗？是本文的道理对，还是司法机关判得对？

回答是都对。请耐心往下看。

为“分手费”定价，背离了司法者的角色

一段不受民事法律认可和保护的同居关系，虽然在刑法上仍然具有索要“分手费”的基础，但是显而易见的是，这个分手费要有一个合理范围，至少，在同等情形下，不应该超过在一个合法婚姻中应得的财产份额。否则，刑法就与民法对婚姻关系的制度保护之间形成了明显激烈的冲突。这个意义上的法秩序统一性是不能被撕裂的。

因此，如果非婚关系中，一方的索财数额，超出了同等情形下民事上的合法婚姻应得的份额，那无论如何，多出的部分都不可能具备刑法上的索财根据。行为人对此部分的索财，因具有“非法占有目的”而可能涉嫌犯罪。白话版就是，连成为合法的老婆都不能要那么多，只做一个

非婚的情人就更不行了。

至于说，在不超过合法婚姻应得份额的范围之内，非婚关系中的一方索要多少财产才是合适的，这个问题很难有一个标准答案。

特别是，在已婚当事人长期与第三者同居生活的案件中，这种同居关系在重婚的意义上具有违法性，如果因“分手费”而涉嫌敲诈勒索时（如丙敲诈勒索案），再让司法者去判断一方索要“分手费”的合理数额标准，进而免除其刑事责任，这不但没有正面的法律效果，反而会在社会效果上起到负面的导向作用。

为什么不能让司法者为一段非法同居关系的“分手费”定价？

其中的道理，与不能让司法者为嫖资数额多少才属合理去定价，或者，不能让司法者去确认一个骗子到底有没有“办事能力”，是一样的。因为嫖娼和所谓“办事”（实质上就是行受贿找关系），都是现行法秩序不容许的行为，此类行为要么缺乏一个稳定的市场价格，要么即使有“黑市价格或标准”，也不应当被作为“白道卫士”的司法机关所承认。

一言以蔽之，为法秩序不认可的关系或事务去“定价”，背离了司法机关作为法秩序守护者的角色定位。这不是司法机关应当做出判断的领域，而是司法机关应该回避的雷区。

此外，当然也存在没有不法因素的、一般情侣之间的“分手费”，但是由于这种关系本身不像合法婚姻那样，具有赖以定价和索要财产的法律根据，而至多是具有索财的事实基础而已，在这种情况下，要让司法者判断“情侣分手费的具体数额多少属于合理，多出部分就涉嫌犯罪”，这同样超出了刑事司法者的管辖范围。

关键问题不是数额，而是情感关系是否结束

那是不是意味着，非婚关系的分手费，数额多少都没问题呢？

我认为，问题的关键点不在于判断数额，而在于判断双方关系是否已经彻底结束。

如果处在双方关系尚未结束，或者正在结束的谈判时点上，其中一方提出一笔“分手费”，此时，到底该要多少数额才算合理，不仅不能由民事法院作出裁判，而且，即使女方以敲诈威胁手段索财，刑事司法机关也不能作出“索要数额过大，涉嫌敲诈勒索罪”的判断。

换言之，只要非婚关系的双方确因感情生活产生了事实债务，那么这个债务数额多少才算合理，都是双方在结束关系时自己去谈判的内容，司法机关无须介入，也没有必要以刑事手段去保护在民事上均不受保护的任何一方。

但是，如果双方关系已经结束，分手谈判时也支付了相应的分手费或签订了协议，双方对于关系结束和分手费多少都达成了共识，则意味着双方形成合意，即从此互相不再负有索财的基础和根据。

之后，若一方切实履行协议支付了分手费（尽管该协议不受民法保护），而且明确表现出彻底断绝的意思和行动，而另一方在得到分手费之后，又拒绝分手，仍然不断纠缠继续索财，就属于索要没有基础和根据的财产，此时，无论是索要 1 万元还是 100 万元，若使用以恶害相威胁的手段，都涉嫌构成敲诈勒索罪。

相反，如果双方虽然说要分手，甚至履行了付款协议，但实质上仍然藕断丝连，在声称分手和付款之后又有情感纠缠，而且双方对此均负有责任，那么，这种反复性就意味着，那个终结关系的协议，仅仅是一种形式上的分手，就像一对情侣吵闹分手后又和好一样，非婚关系并没有真正断绝，而是仍然存续中。

在这种存续状态中，如果一方又向另一方提出索财要求，无论是要1万元还是100万元，都仍然应当视作以非婚关系存续为基础的一种财产谈判，索财的基础并没有完全丧失，至多属于不够坚固，但并非毫无根据的索财，无论索要多少，都不宜作为敲诈勒索罪处理。

白话版就是：如果分手彻底分利索（钱也给完了）之后，无论再要多少，都可能涉嫌敲诈勒索罪；如果双方一会分手一会复合，纠缠不清暧昧不明的，那在此过程中，无论要多少钱，都是两个人的事情。司法机关没有必要也不应该耗费纳税人的钱，去管那些烂事。

丙敲诈勒索案的判决分析

丙敲诈勒索案宣判之后，曾经引起网络上的一些质疑。根据判决书所述，丙曾经先后向甲要过100万元和400万元。其中，甲已经支付给丙100万元，400万元也支付了一部分。人们困惑的是，即使以最少的100万元而言，敲诈勒索罪的通常量刑也应该在有期徒刑10年以上，为什么最后既判了丙构成敲诈勒索罪，又仅仅判处有期徒刑3年且缓刑3年呢？

对此，可以从以下三个方面进行分析。

第一，判决书认定了甲与丙之间长期存在的情感关系，尽管法院评价"案发前的关系为法律所否定，且为道德所谴责"，但是，正如上文所说，这种关系在规范层面“不受法律保护”，并不能否定其事实属性，而只要事实层面存在同居或不对等照顾等足以形成“感情债”的因素，就可以在刑法上支撑起一个索要财产的基础和根据，以债务为由排除“非法占有目的”，进而排除敲诈勒索罪的成立。

第二，根据判决书的信息，丙向甲索要100万元期间，两人关系尚未彻底地结束，因为只有甲一方提出分手，而女方并不同意，双方并没有形成分手的合意。后来女方承诺收受100万元后分手，甲也同意汇款给对方，至此，双方就分手形成合意，这一段关系才算正式结束。

根据本文论证的“无论合法债务还是非法债务，均可以成为排除财产犯罪的事由”这一教义学规则，女方索要的100万元，以两人情感关系作为索财的事实基础，排除非法占有目的和敲诈勒索罪，因此该100万元不能计入犯罪数额。

第三，在双方分手之后，丙再次向甲索要400万元，此时如果双方没有藕断丝连，那就意味着，丙的再次索财既没有民事法律根据，也没有刑法上的事实基础，其索财的主张具有“非法占有目的”，在客观要件也符合的情况下，就可以构成敲诈勒索罪。甲这一次先支付了30万元，之后由于丙提出必须一次性支付，甲报警案发。

按照媒体披露的判决书内容，丙“在双方关系破裂后，欲利用之前留存的对方隐私信息，威胁甲给付巨额款项，主观上具有非法占有之目的，客观上以披露个人隐私相威胁，迫使甲非自愿性地一次性给付巨额款项，属于采用胁迫手段，其行为已构成敲诈勒索罪，且数额特别巨大”。

如果这段报道属实，那就全部印证了我上面的论述，即关系破裂之后，已不再具有索财基础和根据，再次索财就构成敲诈勒索罪。但丙的索财要求是“一次性给付”，就一次性给付400万元而言，丙属于犯罪未遂。因此，判决书最后按照“未遂犯比照既遂犯从轻或者减轻处罚”的原则，对丙在3年之下量刑判缓，就算是说得过去了。

当然，这里也可以有另一种猜想和解读，即甲方留了余地，最后做出谅解性说明，提出第二次给付的30万元是完全自愿的，那么，未遂的对象则是余下的370万元。

不构成敲诈勒索罪，也可能成立其他罪

此外，各种名人婚外情或者离婚事件中的财产纠纷问题，因为信息有限无法评论。在此只能根据本文所论，一般性地说明两条原则：

其一，如果仅仅是一般性的较为单纯的情侣关系，没有同居生活或者不对等照顾付出等足以认定形成某种事实债务的因素，那么，一方提出索要分手费的要求，就不具有任何法律或事实上的基础和根据。如果是通过威胁手段来索财，则其索财主张具有“非法占有目的”，有可能涉嫌敲诈勒索罪。

其二，离婚双方的索财主张，是受到民事法律保护的财产分割要求，即使一方使用威胁手段，也因不具有“非法占有目的”而排除财产犯罪。但是，如果是在双方正式离婚之后，一方又以威胁手段提出新的财产要求，则有可能构成敲诈勒索罪，因为此时的索财主张，既没有民事法律依据，也已经丧失了被刑法承认的事实基础。

读至此处，有敏锐的读者可能会提出一个疑问：

按上文所说,无论是合法婚姻奠定的合法债务,还是非婚关系奠定的事实债务,都可以排除行为人主观上的“非法占有目的”,进而排除敲诈勒索罪。但是,由于情感信任关系获取的隐私,再利用它来威胁对方索要财物,这种可恶的行为,难道刑法就不管了吗?

非也。对于一个不受民事法律保护的事实债务,索债行为虽然不构成以“非法占有目的”为要件的财产犯罪,但是仍然可能因为扰乱经济秩序或侵犯人身法益或妨害社会管理秩序,而构成财产犯罪之外的其他犯罪。

例如,根据《刑法》第 238 条的规定,拘禁他人索债的,构成非法拘禁罪。根据最高人民法院等四部门《关于办理非法放贷刑事案件若干问题的意见》,放高利贷者,构成非法经营罪;根据《刑法》第 253 条之一规定,出售、提供、窃取或者以其他方法非法获取公民个人信息的,可以构成侵犯公民个人信息罪。

此外,如果情人使用了恐吓威胁的方式索要分手费,还可能涉嫌《刑法》第 293 条之一规定的催收非法债务罪:使用暴力、胁迫、恐吓、骚扰等方式催收高利放贷等产生的非法债务,情节严重的,处 3 年以下有期徒刑、拘役或者管制。

从解释上来讲,这里的“等”,是否也可以把一些基于非婚关系产生的事实债务容纳进去呢?按此,即使双方有长期同居关系,即使一方对另一方有不对等的付出,但是,如果在分手时以曝光隐私等方式威胁索财,虽然不构成敲诈勒索罪,是否可以考虑构成催收非法债务罪?

相对于敲诈勒索罪最高刑为 15 年的重罪,最高刑 3 年的催收非法债务罪显然是轻罪了。一方面,可以理解为刑法放低了此类案件中的“被害人保护”的力度;另一方面,说明刑法也没有放弃对这种以恶害威胁索财的行为的否定评价。当然,归根结底这还是一个解释的问题,关键还是看刑事政策上,对那个以威胁手段索要分手费的一方,是否有必要予以打击。

公开交往信息,能否成为敲诈手段

最后,再简单谈一下在此类案件中,作为威胁手段的恶害内容和性质,对定性的影响。

例如,在一些艺人被敲诈勒索案中,涉及女方公布双方关系以及隐私信息,以此作为威胁对方索要财物的手段。对于作为艺人的男方来说,公布情人关系以及隐私信息,就构成了令其感到畏惧的一种恶害。如果隐私信息的内容和性质,完全是艺人的个人信息,而与女方毫无关系,那么这种曝光威胁构成敲诈勒索的恶害,不会有太大的争议。

但如果女方公布的是自己与艺人的交往经历等内容,就值得进一步研究了。

例如,两人的合影照片,两人共同生活的点滴记录,这些属于情侣关系中两人共有的经历,如果不涉及淫秽色情或者波及第三方的信息,那么它被情侣关系中的一方披露,就像很多人写回忆录时写到前任,将之作为自己的一段人生经历,为什么就不能公开呢?

情侣一方有没有权利单方公布恋爱经历(如在朋友圈撒个狗粮发个合影),还是必须经过对方的允许?如果普通情侣可以,为什么艺人情侣就不可以？按此逻辑思考下去，以发情侣合影威胁索财，能够在多大程度上被规范地评价为一种敲诈勒索罪中的恶害，就成为问题。

如果认为，无论当事人是不是艺人，情侣间未经对方同意发合影或公开关系，因为是作为共同参与者的发布，因而都是能够被规范接受的合法行为，那么就会引出一个真正的教义学问题：敲诈勒索罪中的所谓"恶意"，是否除在事实上让被害人感受到心理压迫之外，还需要在法律规范上进一步评价（必须是不法行为）？

如果回答是肯定的，即恶害性质要以不法为必要的话，那么就会得出这样的结论：公布恋情或者合影，本身显然谈不上是一个不法行为，无论如何也不构成敲诈勒索罪。

但是，这个结论让人感到不安。不妨把思考的对象从情侣形式的共同体扩展到同学、朋友、同事等形式的共同体上去。朋友之间的微信聊天记录，饭桌上的合影视频，确实也是共同参与者有权单方发布的内容。但是，如果其中某些参与者的言论内容公开后对其不利，是否可以允许对这些社交活动截图、拍照或者录制视频的其他人，以发布内容作为威胁手段，来向言论者提出金钱要求呢？是否可以接受，行为人以自己也是该社交活动的共同参与者因而有权发布为由，来为自己的行为辩解？

就我个人的看法而言，回答是否定的。这里存在一个价值导向和社会效果的问题。如果放纵和容忍这种卑劣的行为，就会激励各种形式的告密者，将与他人的社交信息视作获利工具。而这一点，整体上会导向巨大的负面效果，必将逐渐摧毁社会共同体的信任基础。

因此，敲诈勒索罪中作为威胁手段的恶害性质，不必非得是不法行为，以合法行为相威胁的索财，仍然可能构成敲诈勒索罪。对此，在刑法理论上尚存有争议。一方面，有部分学者坚持合法行为不构成威胁；另一方面，即使主张合法行为也可构成威胁的学者也承认，这个可能性能否现实化并没有统一的标准答案，而是涉及在构成要件内部手段行为与目的行为关系的价值评判，那就要在不同类型的案件中去具体判断了。

总而言之，言而总之，

爱就爱了，别分手；分就分了，别要钱；

要就要了，别太多；多就多了，别纠缠；

缠就缠了，别勒索；索就索了，要体面。

最后祝福天下有情人幸福快乐。退而求其次，好聚也能好散，不幸福也平安。

④ 对可同情的复仇者，能否“刀下留人”？

导读

甲的父亲和弟弟住在J城郊区的几间旧平房中。在旧房改造过程中，因老房子被强拆，甲父与拆迁队争论，心脏病突发身亡。甲的弟弟丁数次上访未果，对带领拆迁的当地村长马某一直心生怨恨。三年之后，在村里的春节团拜会会场，丁以土枪向正在给村民拜年的马某后脑射击，致使其因颅脑损伤死亡。法院判决认定丁构成故意杀人罪，判处死刑立即执行。

案发后，呼吁对丁“刀下留人”的声音，在舆论上得到了广泛的支持。不少学者认为丁杀人案不符合死刑立即执行的法律适用标准。而公众则多基于案件反映出的乡村治理弊病，认为本案是强拆过程中发生的事出有因的“复仇杀人”，丁的命运值得同情。

因被害人过错而引发的复仇，能否成为“刀下留人”的理由？此外，本案还涉及到蓄意杀人、手段残忍、自首坦白等众多问题。这其中，既有关于“该不该杀”的法教义学判断，又有关于“要不要杀”的政策考量。

更进一步的思考是，非刑法专业学者能否介入刑事案件的公共讨论，而刑法学者在发表公开意见时，又应秉持何种立场、承担何种角色期待？

丁杀人案引发了对死刑问题的全民关注。各种讨论,立场各异,角度百出,我将它们归结为两个层面的说法。一是该不该杀,二是要不要杀。

所谓该不该杀,指的是个案是否符合死刑立即执行的法律适用标准,是一个基于法条的教义学分析的问题。所谓要不要杀,则是说个案适用死刑在社会效果上的利弊得失,是一个政策性的、功能性的、后果主义的考虑。前者是法律效果,后者属于社会效果。前者适合刑法学者的专业分析,后者对于所有的法律人、一般知识分子甚至广大公众和媒体,都是开放的。

很多议论,常常将两者混淆或者混合。区分开来,有助于公共平台上的争鸣更加聚焦,有助于参与讨论者认清问题。

动机可悯,不排除"蓄谋杀人"

关于该不该杀的问题。这里的"该",是该当何罪的该,是构成要件该当性的该,也就是符合的意思。丁杀人案是否符合死刑立即执行的标准? 这首先要看在法律上,到底有没有这样一个明确的、可供符合的标准。死刑规定本身是非常抽象和原则性的,但是经过多年的司法实践和理论总结,已经发展出了很多更为具体的下位规则或者司法惯例。

在丁杀人案中,涉及较为具体的、得到实践和理论承认的规则或惯例,主要有四点:一是蓄意杀人,二是杀人手段,三是被害人过错,四是自首和坦白。

从案情来看,丁致人死亡的意图是比较明确、没有争议的。关注点在于,丁不是一般的故意杀人,而是蓄意谋杀。法院在判决中认定,丁是"因旧房改造时自家房屋被拆与该村村主任马某结下怨恨,并产生要找马某报仇的想法",死刑核准裁定中则称其"对自家旧房被拆迁不满"。因此,丁为实现报仇的想法而准备了土枪,将马某射杀。

有的学者认为,从本案的起因与其杀人动机来看,无论如何难以说成是动机卑劣。"可以肯定的是,本案与裁判文书所描绘的蓄意报复预谋杀人的恶性案件的形象相去甚远,而是事出有因、其情可悯的杀人案件。"

这里存在一个专业上的偏误。是否属于蓄意预谋杀人,与杀人动机是否卑劣,完全是两个问题。在刑法理论和司法实践中,它们从来都被视作不同的情节,对故意杀人罪的认定产生不同影响。是否为谋杀,主要是一个事实认定的问题。法官需要检验的,是杀人者有无杀人计划,是否属于当场冲动杀人,对此,不需要作出价值评判。相反,杀人者的动机是否卑劣,系谋财还是谋色,是基于仇恨还是基于爱国,这涉及对行为人的人格作出某种价值评价。

一个制订周密计划的蓄意预谋杀人者,可能是基于高尚的替天行道的动机;一个当场激情杀人者,也可能是见色忘义动机卑劣。所以,动机不卑劣、事出有因、情有可原等理由,无法用来否定蓄意谋杀。具体到丁杀人案,即使能够证实被迫签署协议、强拆报警未被受理、婚房被拆导致未能结婚等情况属实,也只是在说明丁之所以会蓄意报复杀人的原因和动机,而不能否定蓄意杀人这一事实本身。

很多国家在普通的故意杀人罪之外,将谋杀单独规定了更重的刑罚。依照刑法理论和司法实践的传统,蓄意预谋的杀人,通常要比一般的普通杀人量刑为重。但是动机是否高尚或卑劣,通常对量刑的影响很有限。这也是在理论和实践上已经形成的共识。因此,在丁杀人案中,蓄意预谋杀人这一点如果不能被推翻,就必然在是否适用死刑的天平上,在立即执行的那一端加上了一块砝码。

枪杀不宜认定为“手段残忍”

判决书认定,丁杀人“手段极其残忍”。这是非常重要但几乎被以往各种评论忽略的一点。从刑法规定和司法解释来看,均没有明确规定,以极其或者特别残忍的手段杀人的,就应当处以死刑立即执行。但是,“手段残忍”影响死刑判决已形成司法实践传统。

在故意杀人案中,当其他因素不发挥影响或影响很小的时候,对于以特别残忍手段杀人者一般处以死刑立即执行,而对于不是以残忍手段杀人者一般处以死缓、无期徒刑甚至有期徒刑,这也是司法实践中长期以来形成的一种不成文的裁判惯例。

过去十多年间,最高人民法院在《刑事审判参考》上共刊载了几十个关于故意杀人罪的指导性案例。除那些包含诸如被害人过错、婚姻家庭邻里纠纷、限制责任能力、自首以及中止或未遂等影响死刑判决的特殊因素的案例之外,余下的不包含法定或酌定情节的、一般性的杀人既遂案例共有十几个。

在这十几个案例中,大多数案例虽然没有其他法定或酌定的从重情节,但被告人的杀人行为在判决书中被认定为“手段特别(极其)残忍”,

判决结果均是判处死刑立即执行。其余几个案例,判决书中均未认定杀人手段残忍,也均未判处死刑立即执行。虽然根据这个小样本,还不能就得出“杀人手段残忍的就判死立执,不残忍的就不判死立执”这样的结论,但至少可以表明,手段残忍与法院的从重判罚之间存在很大的相关性。

可以想见,如果丁不是以枪杀,而是以药物下毒的方式,导致马某死亡,那么,本案多半不会判处死刑立即执行。但问题是,以土枪对着被害人后脑开枪致其死亡,是否就能够被认定为是“手段极其残忍”呢?

我个人的回答是否定的。以特别残忍手段杀人,与以一般的、非残忍手段杀人相比,在同样侵害了被害人的生命权之外,又多出了对于善良风俗的严重侵犯,以及对于作为“仁之端”的人类恻隐心的极端挑战。表现在客观效果上,往往是在足以致死之外,又给死者增加了额外的痛苦。

基于此,手段残忍在死刑适用上能够发挥区分功能。枪杀是基本的杀人手段之一,这种手段本身并不属于挑战恻隐心底线的、令人惨不忍睹的方式,死者通常也不会遭遇额外痛苦而往往是迅速毙命。若以此作为极其残忍的标准,则几乎难以找到不残忍的杀人手段了。如此一来,将使得一个本来具有重要甄别功能的“手段残忍”,因为滥用而变得毫无意义了。

更重要的是,如果将枪杀认定为手段极其残忍,将无法面对下面的问题:刑法自规定死刑以来,执行死刑的主要方式,甚至在相当长时期内的唯一方式,就是枪决。而枪决的形式,就是行刑警察用枪对着罪犯后脑射击致其死亡，这与丁用土枪对着被害人马某后脑射击致其死亡的方式是一样的。

即使承认，相对于注射执行死刑，枪决的方式不那么人道和文明，但是并不等于说它就是特别残忍的。如果认定丁的杀人手段是极其残忍的，那就意味着，几十年来，政府一直在用一种极其残忍的方式执行死刑。这个结论显然令人难以接受。

总之，按照死刑适用的司法惯例，若没有其他从重情节，而杀人手段又不属于特别残忍的话，一般不适用死刑立即执行。因此，在丁杀人案中，如果手段特别残忍这一点被否定，就会在是否适用死刑的天平上，在死缓的那一端加上一块砝码。

被害人过错的时空间隔

在丁杀人案中，有很多人提出来，村主任马某存在过错。那么，能否以被害人过错为由，排除对丁适用死刑立即执行呢？这是非常关键也争议最大的一个问题。尽管刑法未明确规定，但在刑法理论、司法文件和实践中，“被害人过错”作为一个从宽量刑情节，得到普遍的承认。只是一旦碰到疑难案件，尤其碰上死刑适用时，争议就来了。

首先，如何理解所谓的“被害人过错”？

从各方披露的情况来看，多个因素指向了马某指挥拆迁的合法性。一方面，拆迁协议本身是否有效？这涉及丁由于房屋的宅基地性质而拥有的权利，以及签署协议是否基于胁迫等事实问题的认定。另一方面，即使拆迁协议有效而丁拒不履行的话，马某领导下的拆迁队能否成为强制拆迁的有权主体？如果这两个问题之一的答案为否，至少说明拆迁行为的合法性存在疑问，在法律上存在一个需要有人来承担责任的过错。

进言之，即使认定本案中有过错，它是否属于被害人马某的过错？刑法上的被害人过错，应当是由被害人完全承担责任的过错。与很多案件一样，该案中村里的拆迁行动，是在积极响应当地政府的城中村改造计划的大背景下实施的。在马某担任村主任之后，出台了包括回迁房分配、补偿款发放以及不签署协议的村民将被停水、停电、停发养老金等具体细节在内的拆迁方案。而这个拆迁方案，得到了当地政府的同意，县里的领导还参加了村里的拆迁启动大会。

如果上述情况属实，需要进一步讨论的是：诸如设立拆迁协议中的胁迫条款，以及对签署但不履行协议者进行强制拆迁等，这些可能导致非法拆迁的过错，当地政府有没有纵容、默许甚至支持的责任？（特别是考虑到丁在被强拆后多次举报无效的情况）除马某这个执行者外，上级政府需要在多大程度上分担这个过错？

从一般性规则的内涵和边界的确立来讲，由于具体地执行一个得到上级支持的非法拆迁计划而成为被害人，这种情况，与传统的那种实施挑衅等不当行为的被害人过错，能否等同视之？当一个被害人不对过错承担全部责任，但行为人因不满该过错而将反击后果全部施加于被害人一身时，这种情形，是否还能成立一种作为对行为人从宽处罚根据的被害人过错？

其次，不能忽视"过错"的时空间隔。

在本案中，如果丁是在拆迁现场，在其父亲心脏病突发当时与马某发生冲突而将对方杀死，那么问题就会简单一些。但是，丁不是当场杀人，而是在暴力拆迁3年之后杀死马某。即使认定马某当年的拆迁行为存在过错，但显然，过错与杀人之间长达3年的时空间隔，并不是一个可以忽略不计的短暂片段。它不仅构成了一个蓄意杀人，而且在一定程度上远离了被害人过错的典型形象。

在笔者看来，时间之所以会影响被害人过错的成立，原因可能有两点。

一方面，被害人由于过错而实施的不法或不道德的行为，在较短的时间之内，特别是当场，其直接影响还没有随着时间消散，而往往还在显著的持续中。相应地，行为人就处在一种类似于遭受"不法侵害"边缘状态的场景中，因而在客观上，行为人的反击带有某种程度的"准防卫"的效果。

另一方面，在较短的时间之内，被害人由于过错而实施的不法或不道德的行为，对于行为人的心理有一种直接的刺激和作用。那些迅速回应和报复的行为人，往往是由于处在一种被激怒的情绪中，失去自我控制的理性，顾不上或来不及冷静思考自己行为的性质、意义和后果，而是受到情绪冲动的驱使，急于去反击和报复对方。在这种情况下，行为人侵犯他人法益、破坏法秩序的意思决定自由是有瑕疵的，不能说是一个理性、冷静、完整的自由判断。

相反，在"君子报仇，十年不晚"的场合，行为人的犯罪行为与被害人的过错行为之间，隔了较长的时空，为克服冲动、轻率、不理智的人性弱点提供了可能性，基于这种可能性，法秩序对公民提出应然性的期待，期待他选择使用合乎规范的方式,而非私力复仇去应对被害人的过错。

如果行为人不是利用这种时空间隔让自己符合规范的期待,恰恰相反,却利用它去谋划更周密的犯罪计划的话,那么,对于这种深思熟虑之后,仍然决定与法秩序进行对抗的让人失望的决定,若法秩序仍然对之从宽,就相当于变相鼓励了。

这一点,既可以用来解释为什么蓄意谋杀比一般的激情杀人处罚更重,也可以说明,只有在行为人的犯罪与被害人的过错之间仅存在一段不重要的、短暂的时空间隔时,才能将被害人过错作为一个减轻行为人责任的从宽事由。

最后,关于"过错"的"抵销"问题。

如果否认提出的时空间隔的影响问题,坚持认为丁杀人案中存在被害人过错,又会有什么样的后果呢?

假想一个场景,法院迫于压力,又改判丁死缓甚至无期,马某的子女咽不下这口气,也经过一段时间的预谋策划,潜入法庭或者监狱,同样使用土枪将丁当场射杀。那么,问题来了:

在马某子女杀人案中,丁成了新的被害人,该案是否适用被害人过错?如果马某的暴力拆迁行为被认定为被害人(马某)过错,那么,丁杀死马某,这种犯罪行为的性质显然比暴力拆迁更加严重,是不是也应构成另一个被害人(丁)过错呢?

为了保持认定逻辑的一致性,似乎很难对上面的问题给出否定答案。可是,这样一来,在无穷无尽的冤冤相报中,上一个案件永远都构成对下一个案件的被害人过错,被害人过错就此成为一个每案必有的表述，它还能再承载对行为人从宽处理的功能吗？

要想避免这个结论，一种可能的解释思路是，丁已经因为其杀人罪行而受到了法律追究，其过错已经得到某种“抵销”。因此，马某子女的杀人行为，失去了报复的过错基础。

但是，在丁杀人的场合，是否也可以说，在丁一家收受了补偿款之后，被害人过错也得到了某种抵销呢？反对意见可能会认为，补偿款并没有全部到位。假设这个反对意见成立，又会怎样呢？

可能也不会终结争议，而是会继续把我们引向一系列对比中。从丁的立场上来说，他认为补偿款是不充分的，没有真正地补偿自己的不幸；从马某的子女的立场上来说，也完全可能提出来，杀人偿命天经地义，如果法院改判丁死缓，就无法充分补偿他们遭受的丧父之痛。丁认为自己的父亲因拆迁而死，自己上访无门，暴力拆迁不受罚，这些是法律的不公，那么，马某的子女也可以认为，如果法院迫于舆论压力改判，丁杀人不偿命，也是法律的不公。假设真到了这一步，又该如何处理，值得深思。

未发出的短信，算不算自首

能否成立自首，是丁杀人案中另一个备受争议的问题。事后查明，丁手机上有未发出的显示有自首意向的短信草稿，此外，丁逃跑的驾车路线可能途经派出所，这两点被认为是证明丁有自首意愿的最有力证据。

肯定自首的观点认为，“包含自首意向表达的手机短信作为客观证据是真实存在的。其之于证明丁有投案自首的意向的证明力，无论短信是否实际发送，均是客观存在的。法院方面以手机短信没有实际发送为由否定其证明力，可谓匪夷所思……其在作案脱离现场后，驾车的走向为派出所所在方向”。

还有一些支持丁是自首的意见表示，“此条短信，在真实性上不存任何疑问，能够明确表明丁事先就准备作案后去自首，只是因案发后有人追打而未及发出……丁在作案后驾车离开现场的路线是往县城方向，此方向正是通向当地派出所的路线”。

但是，上述论点恐怕都难以成立，丁不能成立自首。这里涉及刑法中“意行同在”原则，也涉及如何综合判断证据材料的问题。

一方面，没有发送的短信草稿能否证明其自首？

从通常人们使用手机的经验上来看，很难做出一个确切的判断。相信很多人都有过这样的经历，在短信或微信上写完某段话之后，又后悔了，不打算发送给对方，而是直接从短信状态退了出来，但是，那个短信内容仍然停留在草稿状态而保存在短信书写框中。

即使能够证明，丁在手机上敲下那些文字的当时，内心是出于真意的（尽管实际上无法证明），但是，在他没有发送出去的情况下，如何才能证明，这个自首的意思，没有在写完之后又发生改变？我们在很多场合都会随时撤销的意思表示，为什么在这个案件中就会被认为，一旦写下来，就成为一种坚定不移的、持续不变的、此生无悔的自首意愿了呢？

因此，这段短信草稿，并不像证明“丁事先就准备作案后去自首”。它至多只能表明，丁曾经有过准备作案后去自首的念头。（之所以说

“至多”,笔者在这里不想也不愿去假设,个案中是否会存在以虚假的事先表态来作为后手,在被抓获时冒充自首证据的情形,尽管逻辑上不能排除这种可能性。)

的确,法律上没有要求,自首意思必须对他人表达出来;就算是对外表达了,同样可以撤销和反悔。但是,在将包含自首意愿的内容写在手机的短信上,而不是写在其他非传播性物质材料如纸张上,这一行为本身就说明,只有行为人曾经有过将短信发送出去给他人知晓的念头,选择写在手机短信上才是有意义的。

问题是,相对于把自首的意愿写在一张纸上,恰恰是这种写成短信草稿但又始终未发送的情形,可能是更加容易让人认为,丁对于是否真正认同自己所写的短信内容,没有下最终的决心。因为,在丁杀人之后长达数小时的逃跑过程中,在只需要手指轻轻地一按就可以发送那个短信草稿的情况下,丁却始终没有发送出自首信息。

有人为此辩解说,这可能是丁“因案发后有人追打而未及发出”,可是,根据丁本人的供述,就在其作案后驾车逃跑途中,丁还给亲友打过电话。在“有人追打”时仍然有时间和能力用手机打电话,但是却没有时间和能力去按下手机上的短信“发送”键。这就让人有点难以相信了。

在我看来,始终未发送短信的原因,与“因案发后有人追打而未及发出”相比,认为丁是没有最终决定或者放弃了自首的念头而没有发出,恐怕是一种更为合理可信的猜测。至少,也具有同等的可能性。在这种情况下,法官因为短信没有发送而没有采纳其对于自首意愿的证明力,属于合理的自由心证的范围。

退一步讲,即使承认丁在写下短信时有自首意愿,但是,也没有其他证据能够证明,丁当时在客观上也正在“准备去投案,或者正在投案途中”。事实上,也不可能有这方面的证据。因为短信草稿是在丁杀人之前写下的。在尚未实施犯罪之前,根本也不可能有任何自首或自首预备的行为。这就意味着,丁在手机上写下这段话的当时,即使主观上有真诚的自首意愿,客观上也没有任何自首行为。

另一方面,驾车方向途经派出所能否证明其自首?

在丁杀人之后,即使承认其驾车方向途经派出所,但对于证明丁是去自首而言,恐怕也是不够的。关键的问题是,在丁驾车离开的途中,他脑海中的主观意图究竟是什么?有可能是去派出所自首,但也有可能是无目的地逃跑。

当然,人们更愿意相信是第一种可能。但这需要证明,而不能取决于善良的相信。可是,在这个过程中,客观上显示出来的最有利于证明自首的事实,仅仅是一个开往派出所方向的路线可能性。至于说,丁在驾车当时的主观意愿的内容,是缺乏证据证明的。

丁在杀人之前可能存在的自首意愿,能否与杀人之后驾车途经派出所的客观行为联系起来证明自首?回答是否定的。投案自首的主观意愿,必须与一个人的客观行为保持时间上的同时性。简言之,就是要符合主客观相统一原则中的“意行同在”原则。

假设A一年前在脑海中闪过杀死B的念头,一年后A在楼上晾衣服时失手将花盆碰落,砸死了楼下路过的B,但我们不会把一年前的A的那个主观意愿,与一年后A的客观上致人死亡的举止连接起来,拼出一个故意杀人罪。因为主观意图和客观行为,必须是在同一时点上的对应,才有刑法上的意义。

道理很简单,人的主观意愿如流水一般,是时刻变化而难以固定的,因此,只有位于同一时点上的主观意愿以及在其支配下的客观行为,才能通过主客观相统一的检验。这个“意行同在”的原则,既适用于认定犯罪,也适用于认定自首。在证明杀人之后的自首行为时,是不能以曾经在杀人之前的自首意愿作为证据支持的。

综上,即使通过短信内容,证明了丁在杀人之前的自首意愿,即使通过驾车路线,证明了丁在杀人之后驶向派出所,也不能将前一个时点上的主观意愿,与后一个时点上的客观行为,在主客观相统一的意义上拼凑成一个自首。否则,就是背离了刑法的基本原则。

“要不要杀”的正反效果

上述所论,是丁该不该杀的问题,是就死刑适用的标准本身展开的教义学探讨,接下来,我们再来考虑在刑事政策上,要不要杀的问题。

死刑的案件,特别是法院核准死刑,考虑的往往不仅是规则层面的“该不该杀”,而且通常会考虑到政策层面的“要不要杀”。简言之,追求法律效果与社会效果的统一。

不杀的负面效果是什么?在可杀可不杀之间,如果法院选择不杀,会有什么负面的社会效果呢?判决书用了“影响极其恶劣”的表述。这当然是一个死刑案件中的惯常性说法。那么在本案中有何特殊性呢?

不妨换位揣度法官的想法:一种是可以拿出来在明面上说的,丁是春节期间在村里集会上当众射杀马某。这种光天化日之下，大庭广众之下的杀人，比之一般的暗杀或围观者稀少的杀人，对社会公众造成的刺激和恐惧感要大得多。不过，这种影响极其恶劣，其实在很大程度上已经可以归入判断“该不该杀”的规则或惯例体系之中，基本上脱离了“要不要杀”的思考疆域。

另一种可能不好摆在桌面上说的影响恶劣，就是马某是作为一个“公家人”，因为协助当地政府办理“公家事”被杀。这里面的问题就要复杂多了。

如上所述，村里的拆迁行动，是在积极响应当地政府的城中村改造计划的大背景下实施的。在马某担任村主任之后，出台的拆迁方案得到了当地政府的同意，县领导还参加了村里的拆迁启动大会。如果说，马某的暴力拆迁行为，确实存在法律和道德上的过错，那么，当地政府也至少要在一定程度上，负起监督失职和引导不当的责任。

现在，为公家办事的人被杀了。过错是应当由包括县领导在内的多人分担的，但最终由村主任一人承担了全部的报复。如果现在不严惩杀人者，给被害人家属一个说法，而是迫于社会压力退让的话，会不会担心以后为公家办事的人寒了心？这可能也是法院会考虑的一个因素。

那么，杀的负面效果又是什么呢？

在法院核准丁死刑之后，这个效果已经显露出来了。呼吁对丁不杀的声音，在社会舆论上得到了广泛的支持。之所以会出现这种局面，窃以为，倒也未必就是公众多么关注丁个人的命运，或者多么关注死刑制度的命运，而是一直以来在乡村治理和拆迁问题上的各种批评和不满的声音，找到了一个在个案中顺流而下的出口。

近年来社会发生了悄然变化。一方面，随着某些乡村恶政的曝光，公众对农村基层治理中出现的各种贿选、贪腐、村霸等现象的不满情绪不断积聚。另一方面，土地征收、旧城改造、房屋拆迁的问题，成为近些年焦点事件甚至刑事案件的多发区。由暴力拆迁引发的各种悲剧，使得公众对此类问题的敏感性达到一个高点。

丁杀人案的出现，带有乡村恶政、暴力拆迁以及官民之争等多重色彩，就如同一道沟渠，将上述这些社会问题的议论和情绪，引流到一个案子的关注中。在这个意义上，它就是一个泄洪口。民意汹涌，来势汹汹，直奔最高人民法院而来。杀或不杀，已经不仅仅是丁个人的生死问题，而是在追问最高人民法院，对于已经被符号化的乡村恶政、暴力拆迁以及官民之争到底持何种立场。

倾向于不杀丁的舆论中，有一段话可谓是这种追问的代表：

“本案系在农村强拆过程中发生的悲剧。对丁的命运的关注，在某种意义上说，也就是对处于官民矛盾之弱势一方的公民个人权利与命运的关注，更直截了当地说，是对在乡村恶政欺压下挣扎的作为社会最底层的弱者的农民命运的关注。而对弱者命运的关注，本身便是一种道德理性。”

个案被拔到了这个高度，在这种情况下，法院应如何回应和疏导，这个后果，影响更加深远。

学者如何发声

在丁杀人案的讨论中，首先发声的是一些刑法之外的其他专业的学者。有些是法律共同体内部其他专业的学者，还有一些声音来自法学之外。由此引出一些质疑，非刑法专业的学者能讨论刑事案件吗？

我个人认为，刑事案件，往往是既有是否符合规则的“该不该”的专业问题，也有是否合乎政策的“要不要”的价值判断和后果权衡的问题。在“该不该”的问题上，涉及对现有实定法体系、司法解释、判例传统以及刑法理论争点的把握，更多的是一种解释论或教义学的问题。对此，专业学者的讨论更值得信赖。

但是，在“要不要”的问题上，各个专业的学者都有发言权和表达空间，不是刑法学者专擅的领域，甚至在某些问题上，精细的专业研究反而有可能造成一种宏观视野上的逼仄。在政策和政治上的判断力，未必与学者的专业研究水准成正比。井下得越深，抬头看见的天空越小；很容易只见树木，不见森林。

在这种情况下，有时候反倒是其他专业的学者，因为更少教义的束缚，以一种“局外人”的身份看得更清楚。因此，刑法学者应当以更加开放的心态，积极地欢迎和吸纳这些声音，而不能以一种专业上的傲慢，简单地批评其他人为不专业。

在丁杀人案中，正是很多非刑法专业的学者的大力疾呼，才让人们更加聚焦地看到这个案子背后的民意，以及深层次的一些问题。这是应当得到尊重的。即使价值取向不同，也没有什么可怕的，不要视为洪水猛兽。

至于说“该不该杀”的问题，涉及死刑适用的具体标准，属于刑法学者专业探讨的范围。近年来重大刑事案件往往成为舆论关注的焦点，公众和媒体对刑法学者发声的期待值也越来越高。那么,刑法学者应当如何讨论“该不该”的问题?

对此,我有两点不成熟的看法,未必妥当,抛砖引玉,愿意与更多的同行探讨。

第一,学者可以代理案件,但他公开发声时,必须明确自己的辩护人的身份和立场。否则,当他以一个学者身份在公众面前发声时,他不应当站在检察机关或辩护律师的任何一方,而应当秉持学者客观中立的立场,尽可能地从法官的角度讨论问题。因为这符合社会分工和一般民众对知识分子角色的期待,要把这种期待,与公众对一个敢言敢争、有良知的刑辩大律师的形象期待区分开来。否则,就会陷入角色混乱。

第二,学者如何从法官的角度讨论问题?这涉及事实与法律两个层面,对此应当有不同的尺度。案件事实永远不可能真正客观地重现,一定是要人来做判断和认定。法官在面对事实和证据时,在庭审聆听两造对抗时,他最终相信谁的自由心证的权力,是社会分工和角色赋予他的特权。独立行使审判权即使不赋予它一个额外的神圣价值,至少它是一个基本的社会分工。因为经验的累积和信息渠道的完整性,成为法官的擅长。

但是,学者能讨论事实问题吗?

首先,他不可能参加庭审,也无法看到听到双方发言质证的过程,如果仅仅是看了一些书面和片面的案件材料,就对事实问题的真伪和取舍作出判断,这种变相的“书面审”是非常危险,也是不可靠的。如果这样也行的话,也不用搞庭审中心的改革了。

其次，如果就事实产生争议，批评法院面对公众的判决书剪裁甚至歪曲了事实，那么，学者作为个人，也是公众中的一员，即使有再高的权威，又怎么能够声称自己向公众讲述的事实，就是没有基于个人立场而剪裁和选择过的呢？除非，是所有的卷宗材料，像判决书一样，全部公之于众，所有人可以看到，不然，学者和法官一样，都是在一个其他人看不到、也无从检验的环境（卷宗材料）中暗箱操作。

如果公开材料，可能侵犯涉案人的各种细节隐私；如果不公开，如果法院不值得相信，学者又凭什么代替法官，来认定什么才是正确的、完整的事实，凭他的人格、名声和地位？

相反，如果是纯粹的法律问题，又不同了。这不仅是法官的工作，而且也是学者的专业，甚至因为常年的精力投入和研究，可能比法官更为擅长。

如果对于一个公开的、各方无疑义的事实，无论是哪一级法院的法律解释或适用出了问题，学者的公开批评，都是没有疑问，且是职业要求和良知所在。

最后，是否学者在任何场合下都不能讨论事实问题？那倒也未必。如果不是以公开的形式，而是受委托出具仅供司法机关参考的法律意见书，那当然法律和事实问题都可以谈，因为它仅仅是一个内部参考意见，听不听甚至看不看，决定权都在法官，它不会对司法的权威性形成挑战。

但是，如果是在媒体上公开发表意见，则所谈事实部分，还是应当以司法机关认定的为准，学者最好只谈法律，否则，就会有携民意舆论之威，与法院公开争夺事实认定权的嫌疑。无论学者个人初衷怎样，客观上就起到了这个效果。

可以想见的是,如果法官丧失事实认定的权威性,学者在事实认定上代替法官且会引导舆论,这可能是比一个案件中死刑适用更严重的问题。这会造成整个司法体系的崩溃,无论哪一方立场的学者,都不会乐于见到这个结果。无论司法现况再怎么令人忧心忡忡,我们还是得努力维护法治的底线。不能一边恨其不争,一边又腐蚀它的根基。

坚持规则与体恤人性

本文主要从"该不该杀"与"要不要杀"两个层面,讨论了丁杀人案。在"该不该杀"的层面上,涉及蓄意杀人、手段残忍、被害人过错以及自首坦白这几个问题。

真正的从重情节,只有蓄意杀人。至于杀人手段,没有达到特别残忍的程度,不能构成从重情节。至于作为从宽情节的被害人过错,以及自首立功,在本案中都很难认定。在这种情况下,如果仅仅从死刑适用规则的层面来看丁"该不该杀"的话,我更倾向于认为,丁杀人案属于"可杀可不杀"的情形。

在"要不要杀"的层面上,在舆论风暴出现之前,法院可能并没有充分地意识到案件背后的深层次问题,对于案件背景的宏观把握和体察度有失平衡。这一波舆论发声,其实是把另一端的政策后果和价值导向揭示出来,对法院而言,在以后的类案中如何更加审慎和全面地思考"要不要杀"的问题,是一声警钟,也是一件好事。

最后,很多法学院学生也很关心丁的案件。他们中有人可能就是未来的法官,我也很想在这里,给他们的学习和实践提两点建议。

第一,在“该不该杀”的问题上,适用规则时应当充分考虑各种因素。至少,并不是像一些学者斩钉截铁声称的那样,可以毫无疑问地适用。手段残忍也好,自首或被害人过错也好,各种规则的法理内涵,还是本案的具体情形,都比表面上看起来的样子要复杂得多。

这些规则不是在个案中任意考量和适用的政策性表达,而是一个经过多年的司法实践的检验和总结,成为惯例的从宽标准。它们既需要在法理上明确其教义,也需要在司法实践中保持规则适用的统一性。

因此,作为法官,不能仅仅是在丁的个案中表态,而且必须要考虑,作为能够涵摄各种案件事实的上位规则,在丁杀人案中被适用(或不适用)时所赋予的内涵,能否保持逻辑一致性、普遍化地适用于其他个案中。

否则,失去了普遍化适用的统一性和安定性,而成为个案中任意使用的根据,死刑案件的裁判将变得任意,每个人生死完全取决于法官的喜恶和得到舆论关注的机会,这件事情的严重性,比一起个案中的裁量妥当与否,要可怕得多。

第二,除规则外,也要考虑人。在司法一线工作的法官、检察官以及律师,比一般的公众包括学者,都更有机会近距离全方位地接触犯罪人和被害人。希望他们能够在恪守专业性的同时,能够俯下身来,用悲天悯人的心态关注这些个体的命运。就像我曾经在刑法考试题的说明中写过的那样:

“我们平时所分析的甲乙丙丁或ABCD,并不是虚拟的抽象人,也不是哈哈一乐的对象，更不是被当作标本来解剖的客体。他们与你我一样，都是一个个有血有肉有感情的人，只是有时候被命运所戏，卷入到了偶然的旋涡中，成为被害人，或者犯罪人……法律人不能只是关注法律本身，却对案件中的‘人’漠视无睹。

“在作为前提的专业技能之外，他还应该有一种悲天悯人的情怀，有一种对人情世故的洞悉。他应该懂得，冷漠和仇视只会带来更多的仇恨。

“他会时刻提醒自己，在每一起犯罪中，被害人和犯罪人都是不幸的，一个希望为这个社会和国家承担更多责任的法律人，不仅仅是要完成准确惩罚犯罪行为的技术任务，同时，他也能够看到并会努力改变引起这种不幸的外部原因，来最终减少人们的不幸。”①

---

① 车浩：《车浩的刑法题》，北京大学出版社 2021 年版，第 240 页。

二

陌生人社会，群己权界何在

⑤ 试衣间里的性行为,是否违法?

导读

张三与女友在逛商场时一时兴起,在试衣间里赤身裸体地发生了性行为。张三举着手机拍摄了全过程。此后因张三的手机丢失,该视频被人发布到网上。由于商场试衣间的地点特殊,此事引发了极大关注,占据了各大社交平台的热搜榜。

除了传播视频者的法律责任之外,人们还关心的是,视频里的两位主人公仅仅是无辜的受害者,还是也应当受到法律的规制?成年男女自愿发生性关系并无明确限制,但法律禁止在公共场所故意裸露身体的行为,能否适用于本案?试衣间究竟是不应受干预的私人空间,还是公权力注视下的公共场所?试衣间里的性行为,是否属于“扰乱公共场所秩序”的行为?进一步地,为什么在公共场所公然的性行为,会被认定为是对秩序的扰乱?

这既是一个法教义学问题,又不仅仅是一个法教义学问题。法律人所必需的想象力,是一个向着生活开放出无限可能的世界。

试衣间性行为事件刚出来时，成为人们街谈巷议的话题。一位接受采访的律师认为，对视频里的男女主角可以适用《治安管理处罚法》第44条规定，猥亵他人的，或者在公共场所故意裸露身体，情节恶劣的，处5日以上10日以下拘留。

理由是，试衣间属于提供给顾客的服务场所，应当认定为公共场所，而且发生性关系比法律条文规定的裸露身体更严重，法律后果也应该更严重。

这种说法引起了人们的广泛讨论，直至超越法律，将思索的目光投向更远处。

试衣间算不算广义的住宅

针对试衣间性行为违法的观点，有的学者反驳，当事男女的行为并不违法，因为试衣间不是公共场所。理由是，它可以被解释为广义的"住宅"。这种苦心孤诣维护个体自由的"老右派"式的执着，让人感佩。但是，这个反对理由还是有点难以接受。

在法律解释上，"住宅"一词的边界，必须受制于"住宅"在汉语中可能文义的射程。只有在这个边界之内，才能充分考虑具体空间的实际功能。

如果说解释工作是一场球赛，可能文义就是球场上的边裁。任何功能解释和目的解释，不管多能跑，翻跟头都行，但不能让球出界，否则，边裁就得吹哨，重新比赛。

至于说，一个词语的可能文义究竟是什么，只要解释者站在客观的立场,诉诸一般人的汉语语感,考虑日常交往中的语言习惯,并不难把握。

举个例子,《刑法》规定了倒卖车票、船票罪,那倒卖飞机票的,能不能处罚?

无论两者作为运输合同凭证的功能多么相似,相信也不会有人赞成在汉语中把飞机票称作"车票"。正如"打车"和"打飞机"也是各有其意,绝不能混用一样。

同理,即使把"住宅"的日常用法推至弹性的边界,谁会带着相亲对象指着试衣间说,我有房,这就是我的"住宅"。——女方可能反手一巴掌,这还是老娘的"爱"呢。

解释者不得逾越可能文义的限度,因为那代表立法的民主基础。无论对部门法还是宪法,都是一样。一旦超越,就进入了立法者的领域。

除非你是美国最高法院那五位大法官。连"婚姻"都能修改成包括同性的结合,对"住宅"进行无限解析更不在话下。

解释不进去,能不能类推适用呢?

不错,试衣间与住宅的空间,都是与外界相对隔离的。但是,作为一个关键特征,住宅的核心功能是基本的生活起居,这无论如何也不好让试衣间承担。

如果真有人在试衣间里吃喝拉撒睡,要么会被认为是行为艺术家的表演,要么,这块地儿就不会再被人叫作"试衣间"了。

所以,将试衣间解释为"住宅",或者在功能上类推适用住宅,试图以此来为当事人插上自由的翅膀,飞离"公共场所"的泥沼,恐怕是行不通的。

不是住宅,那试衣间就应当属于"公共场所"吗?有的学者给出了斩钉截铁的回答:是!

"判断公共场所的标准是进出对象的不特定性,而不是'任何时候任何人都可随便进去'。否则,没有地方算得上公共场所。公共厕所是典型的公共场所,'公共'二字就是很好的证明。公共场所只是就公共性而言,与保护隐私并不矛盾。

"同时,公共场所也有规矩,也需要适当的限制,如公共厕所就有男女之别。试衣间只要里面没人谁都可以进去(试衣),不能因为里面有人时其他人不能进去就否定其公共性,更不能因为试衣时有可能暴露个人隐私就否定其公共性。在这种谁都可能进入或者接近的场合,发生男女鱼水之欢,显然比一般的'故意裸露身体'更为恶劣。"

对这段论述,必然会产生的疑问是:如果试衣间真属于公共场所,那所有进入试衣间脱衣服试穿的人,是不是都属于"在公共场所故意裸露身体"呢?原来,这商场里的试衣间,竟是一座每个人都注定要沉沦其中的原罪陷阱。真是细思恐极。

"公共场所"的法律意涵

挑刺儿很容易。困难的是正面阐述:怎么理解和界定"公共场所"?

《治安管理处罚法》中有 5 处条文规定了"公共场所",但是没有对公共场所作出一般性的定义,只是在其第 23 条明确列举了"车站、港口、码头、机场、商场、公园、展览馆"这几处常见的公共场所。

按照体系解释的基本原理，其他法条中的“公共场所”，至少应当与这些明确列举的场所在性质和功能上相当，具有共性特征。

翻看全国人大常委会法工委编写的法律释义，给出的说法是，“公共场所是指具有公共性的特点，对公众开放，供不特定的多数人随时出入、停留、使用的场所”①。

把这句话再向前推进一步，意思就更加清楚了。只有一个在物理空间上可以“供不特定的多数人随时出入、停留、使用的场所”，才能承载人们的公共生活。

法律人之所以要讨论这样一个场所，正是因为人们通过这个场所进行社会活动，形成了一定的公共生活秩序。不是这个场所本身，而是在这些场所中展现出来的公共生活，才是法律关心的对象。

所以，“公共场所”不是一个物理的、建筑的、空间的概念，而是一个法律的、文化的、规范的概念。它不是一个由水泥砖瓦组成的静态的空间，而是由一群人的社会生活交织而出的动态的秩序。

把握住这一点，有助于我们理解“公共场所”背后的法律精神，而不至于脱离开法律的思考，僵化地通过新华字典解释“公共场所”这四个汉字。

例如，《治安管理处罚法》第65条规定了“在公共场所停放尸体”的违法行为。而该法第23条明确规定“商场”属于“公共场所”。因此，在大白天商场正常营业的时候，把尸体停放在人来人往的商场大厅，这行

---

① 郎胜主编：《中华人民共和国刑法释义》（第6版），法律出版社2015年版，第514页。

为无疑符合第 65 条规定的“在公共场所停放尸体”。

但是，商场下班之后，深更半夜趁着商场里无人，同样是把尸体停放在商场大厅，天亮来人之前又运走，在我看来，这种行为就不应当适用第 65 条。

在物理空间上，这都是同一个商场，但是下班之后，在空旷无人的商场之内，已经不存在任何由顾客往来形成的社会生活，也就失去了值得保护的公共秩序。

被抽离了公共秩序的场所，仅仅是一片冰冷的水泥森林，犹如没有灵魂的躯壳，不再属于法律意义上的“公共场所”。

“山还是那座山，梁还是那道梁”，但没有了人的生活，法律之眼就不再眷恋。直到太阳升起，开门营业，第一个顾客走进来，这家商场才重新回到《治安管理处罚法》的怀抱。

再如，公园和展览馆都是《治安管理处罚法》第 23 条规定的“公共场所”。同样是跳广场舞，在公园里跳就没问题，但如果是在展览馆里跳，就可能构成第 23 条规定的“扰乱公共场所秩序”。

同样一座殡仪馆，肯定不属于第 65 条规定的“在公共场所停放尸体”中的“公共场所”，但是，却可以认定为第 44 条“在公共场所故意裸露身体”中的“公共场所”。

相反，浴池和厕所肯定不属于第 44 条意义上的“公共场所”。进入这些场所，还故意不裸露身体的，可能反而有点问题。相反，对第 65 条而言，浴池和厕所当然属于“公共场所”，敢在这些场所停放尸体的，不处罚简直没天理。

说了这么多,总结一下:

在公园跳舞,在殡仪馆停尸,在浴池裸露身体,这些本来就是这些场所中的社会生活和公共秩序的一部分,当然不存在扰乱秩序的问题。因此,认定相关法条的“公共场所”时,就应当把这些场所剔除。

相反,在展览馆里跳舞,在殡仪馆裸奔,在浴池停尸,那就与这些场所的社会生活和特定秩序格格不入,甚至会造成严重侵扰。将这些场所认定为相关法条中的“公共场所”,对侵犯秩序的行为进行惩罚,就是对法律的正确理解和适用。

其实,这些结论,仅凭朴素的法感情就能轻易获得。从法理上说,公众在不同场所进行的社会生活的内容是不同的,不同场所的特定功能存在差异,对应着各种具体而相异的公共秩序。

因此,在认定“公共场所”的时候,不能抽象地、泛泛地一概而论,而是必须结合相关法条的具体语境,廓清该法条中“公共场所”的特定功能和相应范围,结合在个案的具体场所中开展的社会生活的内容来加以判断。

广场与住宅之间

确定了“公共场所”的含义,关于试衣间的问题,答案也基本出来了。

即使承认试衣间是一般意义上的公共场所,它也不是《治安管理处罚法》第 44 条意义上的“公共场所”。

理由很简单,试衣间是干吗用的?试衣服的。换衣服的过程中,能完全避免身体(关键或敏感)部位不裸露吗?不能。如果能,谁还进试衣间呢。但凡进去的,就是怕走光——没见过买手套的,还专门进试衣间戴一下吧。多新鲜啊!

所以,试衣间的特定功能,就在于让进入其中的人,可以放心地裸露身体。如果一定要说试衣间也是公共场所,那么,这就是场所里应当受到保护的生活和秩序。

于是,试图适用《治安管理处罚法》第44条来处罚试衣间里的性行为,就遇到了下面的法律适用的悖论:

如果把试衣间里的男女裸身性行为认定为"故意裸露身体",那么,就不能再将试衣间评价为本条中的"公共场所"。——因为在试衣间里"故意裸露身体",不仅没有违反它的秩序,相反,本来就是这个秩序的一部分。——由此得出的结论是,在试衣间里的性行为,因为不符合"公共场所"的要素,不能适用第44条。

如果你反对上面的说法,质疑说,试衣间里的秩序只是为了正常的换衣服,男女性行为怎么能说是这秩序的一部分?那么,这就是认为,男女性行为不能被评价为"故意裸露身体"了。——由此得出的结论是,在试衣间里的性行为,因为不符合"故意裸露身体"的要素,不能适用第44条。

在试衣间到底是不是公共场所的问题上,其实还可以换一种思路。

当我们谈论"公共场所"与"私人空间"之别时,广场与住宅是最典型也最易理解的例子。

在人流穿梭的广场上,没有人能够支配自己周边的空间。眼看着一个厌恶的人从眼前走过,但你毫无办法,不能对他发出“此路是我开”的禁令,因为那空间是“公共场所”。但是对自己住宅里的空间,人们有着绝对的支配力。你不仅可以让喜欢的人进来,更可以让不喜欢的人永远在门外。法律人最喜欢念的咒语就是,“风能进,雨能进,国王不能进”。

那试衣间呢?它是更像广场,还是更像住宅?

每个人自从穿衣服开始,大概就没有没进过试衣间的。遍布在各大商场和各个街头小店的试衣间,是一种专门为买衣服的顾客试衣而设的空间。

这种空间通常不大,容纳1—2人而已,通过设置门锁或者门帘等障碍,与外界隔离开来。但它的奇特性在于,既不完全像住宅,也不完全像广场。

与住宅相似,又与广场不同的是,当你进入试衣间时,那里面的空间就归你支配。门锁或门帘的阻碍作用,不仅是事实上的,而且是规范上的——未经你许可,其他人不能也不允许进入这个空间。

但是,一旦你离开了试衣间,里面没人了,别的顾客就可以任意进去,并取得同你之前一样的支配权。这可不像住宅,即使家里空无一人,那也是你持续支配的空间。

(这也是为什么,我不同意有的学者将试衣间解释成“住宅”的原因。它们不仅在日常语言的用法上难以相通,在人与空间的规范关系方面,也相去迥异。)

这样看来,进出试衣间人员的不特定性,以及空间的非独占性,倒又有点像广场了。

如果把广场理解为一种无人可独占和支配的空间，把住宅理解为一种归个人独占和支配的空间，那么，试衣间，就是一种介于广场与住宅之间的、神奇的空间。

它的神奇性在于，每个人一旦进入，就具有了一种独占和支配这空间的规范性魔力。而他一旦离开，这魔力旋即消失，又会被其他进入者获得。频繁换手的空间支配力，充满了暂时性与流动性，这就是试衣间既不同于公共场所，也不同于私人空间的独特之处。

有谁规定的真理说，这世界上的空间，只能区分为公共场所与私人空间两类？为什么一定要用人造概念来形成二元对立，用非此即彼的方式来剪裁事物呢？

所以，不必陷入试衣间"若非私人空间，就必然是公共场所"的泥沼里。你完全可以说，它两者都不是，所以找不到明确的法律禁令。

让我们继续往下讨论。

"故意裸露身体"的法律形象

说完了"公共场所"，再说说"故意裸露身体"。"在公共场所故意裸露身体"，此条文虽然只有几个字，里面的世界却很大。

先说"身体"，肯定不是指人体的所有部位。否则，夏天穿短裙秀长腿的姑娘，以及在路边光膀子撸串的爷们，都可能被抓起来。凭借朴素的法感情，人们会很容易说，"身体"应该是指那些敏感的身体部位，如男女的生殖器。

但是，问题来了，如果有人在公共场所尿急，一时之间又找不到卫生间,于是跑到角落里脱裤子方便,这算不算“在公共场所故意裸露身体”?

可能有人会说,当然算。公共场所的角落,那也是公共场所,随地大小便,还可能被人看见关键部位,多不讲道德。当然,也会有人认为不算,虽然有点不雅,毕竟也没对着谁尿吧。

哪一种说法对呢?

范伯格在讨论刑法的道德界限时认为,对一个明显(但不是极端的)的自由主义立场而言,可能不会接受将家长主义和道德主义作为惩罚根据,但至少会同意损害原则和冒犯原则。[①] 简言之,只有当一个行为损害或冒犯到他人时,才能为刑罚提供正当性基础。

假设这也是《治安管理处罚法》第 44 条设立处罚的正当性基础。那么,尿急时找个角落方便,并不是直接针对他人的损害或冒犯,也就不适用这一条。

可能有人反对说,以“维护社会治安秩序,保障公共安全”为立法宗旨、以拘留为最严厉手段的《治安管理处罚法》,在惩罚基础上应当比《刑法》更宽泛。

那就切换到保守一点的立场。在损害原则和冒犯原则之外,还接受道德主义作为惩罚根据,即一个行为虽然无害,但是会令公众在道德上反感的话,也能成为治安处罚的对象。

这样一来,在公共场所方便,就很可能由于具有在道德上令人反感

---

① 参见[美]乔尔·范伯格:《刑法的道德界限:对他人的损害》,方泉译,商务印书馆 2013 年版,第 14 页。

的性质,而被评价为“在公共场所故意裸露身体”的行为。

于是,是否惩罚在公共场所方便的行为,就取决于,在这两种惩罚根据中,应当为第44条选择哪一种呢?

要做出适当的选择,还是要回到这个法条的前半段。

再看一下第44条的规定,“猥亵他人的,或者在公共场所故意裸露身体,情节恶劣的,处五日以上十日以下拘留”。请注意:“猥亵他人”与“在公共场所故意裸露身体”被并列规定在同一个法条中,共用一个法定惩罚力度。

从体系解释的角度来看,这就意味着,“在公共场所故意裸露身体”与“猥亵他人”共享同一个惩罚根据和基础,它们的行为性质与危害性是相当的。因此,惩罚“在公共场所故意裸露身体”的行为,仅仅因为不符合道德还是不够的,而应该如“猥亵他人”一样,必须具有在性方面损害或者冒犯他人的性质。

从这一点来说,尿急时在公共场所角落里方便,即使符合了“故意裸露身体”的形式,但那只是具有排泄的意味,并不包含性侵害或性冒犯的含义。

到此为止,我们逐渐看到了“故意裸露身体”的典型形象。那就是俗称的露阴癖,百度定义是:

在不适当的环境下在异性面前公开暴露自己的生殖器,引起异性紧张性情绪反应,从而获得性快感的一种性偏离现象。

除生殖器外,第44条中的“身体”,还包括其他能够传递性含义和性信息的“准性器官”。例如,臀部或女性的胸部(男性就算了)。面对他人裸露这些传递性信息的身体部位，都是针对他人的性冒犯。

现在，我们再回到试衣间事件。

从相关新闻报道的画面来看，当事男女是在试衣间里脱光了衣服实施性行为。性行为当然具有天经地义的性内涵。裸露的重点部位也打了马赛克。这样看来，认定为“故意裸露身体”，似乎并没什么疑问了。

但是，别忘了前面说过，仅仅是重点部位的裸露还是不够的，仅仅是行为本身具有性含义也不够，与“猥亵他人”相并列的“故意裸露身体”，必须具有在性方面损害或者冒犯他人的性质。

猥亵他人当然是直接的性侵害了。对着别人脱裤子的露阴癖，也当然是对他人的性冒犯。

但是，在一个相对封闭的试衣间里的性行为，只有当事男女两人，其他人未经许可不能入内更无从得见，如果不是当事人自拍的视频流出，根本就无人得知试衣间里的风景，这样的行为，到底直接性侵害或性冒犯了谁呢？

找不到答案的话，就只能得出结论说：

由于不存在针对他人的性侵犯或性冒犯，因此，试衣间里的性行为，不能被涵摄进（与“猥亵他人”相并列的）“故意裸露身体”的规定之中。

被冒犯的与被扰乱的

看到这里，可能有人会追问，如果当场就有其他顾客发现了试衣间里的异常，注意到里面的情况，因此感到非常尴尬和不适，这算不算是被冒犯呢？

这是一个好问题，把我们的讨论又引向了深入。

一种可能的情况是，或许由于试衣间的门帘不严，其他顾客看到了里面的裸身性行为的场景。在这种情况下，能否认定“故意裸露身体”？

如上所述，要想在客观上符合第44条的“故意裸露身体”，仅有裸露是不够的，必须要求这种裸露行为具有向他人传递性含义和性信息的性质。而要满足这一点，至少要让他人看见其裸露的身体。

简言之，裸露，必须是面向他人的裸露。

根据主客观相一致的原则，行为人主观上必须认识到全部的客观行为。因此，只有在裸露者认识到自己是在面向他人裸露身体而仍为之时，“故意裸露身体”的主客观要件才算是齐备了。所以，如果试衣间的性行为被他人看到，但当事人对此尚不知情时，就不属于“故意裸露身体”，不能适用第44条。

另一种可能的情况是，其他顾客没有看到，但是通过一些异常的声音，猜测到了试衣间里正在发生的事情，也会感到尴尬和不适，这算不算是对他人的性冒犯，因此适用第44条呢？

回答依然是否定的。第44条规定的“故意裸露身体”，是指通过裸露的身体来传递性信息，使得他人因为看到其身体而被冒犯。这个规定的意思，并不是指裸露身体时造成了一些声音，再经由这些声音传递的性信息来冒犯他人。

那种通过声音来形成的冒犯，与法条规定的“裸露身体”没有涵摄关系，因此并不适用第44条。

问题来了：

如果一对男女把试衣间的门关好,然后在里面毫无顾忌地实施性行为,并不掩饰发出的声响,对声音可能透过门墙传出并为他人察觉,也毫不在意,客观上造成了其他顾客的困扰和尴尬,难道我们只能束手旁听,却无任何法律可以规制这样的行为吗?

当然有。

这种情形虽然不适用第44条,但是,却可能适用《治安管理处罚法》第23条,“扰乱车站、港口、码头、机场、商场、公园、展览馆或者其他公共场所秩序”。

在这种情形下,那个被扰乱了秩序的“公共场所”,不是试衣间,而是商场。当事人的行为性质,也不是“故意裸露身体”的问题,而是对商场营业秩序的“扰乱”。

谁能凭爱意将富士山私有

还有很多值得讨论的问题。假设,在车站、港口、码头、机场、商场、公园、展览馆或者其他公共场所,有一对衣冠齐整的男女发生性行为,但他们并没有脱去外衣,而且还刻意遮掩关键部位,既不想让他人发现,更不想让一丝春光暴露于外。这种情形如何认定?在法律上会处罚吗?

让我们先回到试衣间。想象一下它的构造。试衣间的门墙,围成了一个相对封闭的空间,将试衣者裹在其中,这其实就是相当于,为脱光了衣服的人,又披上一件可以遮羞的钢筋水泥的外衣。

现在,有没有发现两个例子的相似之处?在公园或地铁里穿衣发生性行为的人，他们身上穿的布质外衣，与试衣间的隔板外衣，本质上是一样的。在这个外衣的遮蔽之下，都有一对男女在裸身发生性行为。

因此，关于试衣间里的性行为的各种分析，同样适用于在其他毫无争议的公共场所的性行为。

由于穿着外衣且刻意遮掩关键部位，所以不适用第 44 条的“故意裸露身体”（当然更不能认定为淫秽表演和聚众淫乱）。

但是，如果这种行为还是没能逃过朝阳群众法眼，那就没办法了，被他人当场发现和鉴定出来这事情本身，就说明它已经打破了车站、港口、码头、机场、商场、公园、展览馆等公共场所的沉静的水面，没有能够成功地伪装成那秩序的一部分，不幸地暴露了。

情形类似的，还有“车震”。人们躲在自己的私家车里发生性行为，与躲在试衣间里，或躲在自己衣服下发生性行为，本质上是一样的——只要这个作为遮羞布的汽车、试衣间和衣服，在整体上处在一个无可争议的公共场所。

在个案中需要考虑的仅仅是，这种性行为对公共场所的公共生活，扰乱到何种程度。例如，遮羞布的遮蔽程度（汽车和衣服的差异），公共场所的人流量（空旷无人的路边和人流如梭的车展的差异）。

这些差异决定了客观上的危害性，折射出主观上的放纵心理，因此，也当然地影响裁量结果：是否需要动用《治安管理处罚法》第 23 条，以及采取何种处罚措施，是一般的警告罚款足矣，还是需要拘留。

这结论，听起来有点让人唏嘘。男欢女爱，本是世界上美妙的事情。可那句歌词怎么唱的来着，“谁能凭爱意要富士山私有”。

一花一世界

到此,问题真的彻底解决了吗? 恐怕还没有。

试衣间里的性行为,是一个看起来再简单不过的事实。"在公共场所故意裸露身体",也是一段看起来毫无争议的法条。它才11个字。

但是,一花一世界。在那个最简单的事实与法条之间,由于法律人的目光往返流转,也可能搭建起一座包罗万象、俯瞰众生的世界。

在这个世界里展开对法律的解释与适用,当然主要是法教义学和解释学的工作。但是,的确又不只于此。

例如,凭借法教义学的一些最基本的方法和技巧,我们很容易对《治安管理处罚法》第44条做出解释,然后坚决地得出"在试衣间里的性行为不适用该条"的结论。

但是,如果我们要得出结论说,在各种公共场所的性行为引起关注(包括在试衣间里的性行为制造声响而被关注),可以适用《治安管理处罚法》第23条"扰乱公共场所秩序"时,这里其实是有一个法教义学本身难以解决的犹豫。

既然性是人性的一种本能,又是种族繁衍的必经手段,它为什么被"光天化日"所排斥,而只能在黑暗中进行? 为什么,在公共场所的性行为,都不能被接受为那公共场所的秩序的一部分,而要被认定是"对秩序的扰乱"?

要回答这个问题,仅仅依靠对《治安管理处罚法》的法教义学分析本身,是很困难的。但是,如果一个解释者,内心对这个答案没有确信,他对第23条的解释和适用,就只能是一种"想来理应如此"的盲目和茫然。

不能简单地用违背“公序良俗”来回答。那相当于重复包装了一遍问题。

也不能简单地用“被冒犯”来回答。因为会追问,为什么会被冒犯?如果围观者看得津津有味呢?

还不能简单地用违反道德来回答。这个时代的法律,已经有那么多条文显示出了对道德多元化的容忍,但为什么当众的性行为就不行呢?

不是说这些回答不对,而是说,要让他人信服,至少要让自己内心确信,可能还不够。

但没人能给出唯一正解。

在解释和适用法律过程中,人们常常会遭遇困难和犹豫,指导他鼓起勇气继续运用技术得出结论的那些“内心确信”,往往是八仙过海,各显神通。

有的人可能偏爱道德理论。性本身就是道德体系的一部分,具体的性实践,包括方式、频率、时间、场合,都不能任性而为,而是要接受道德原则的指引,这本来就是人与禽兽之别。

在朱熹眼中,“圣人千言万语只是教人存天理,灭人欲”。他举例,“饮食者,天理也;要求美味,人欲也。”(《朱子语类》卷四、卷十三)按此,性行为是天理,但是没有约束和克制的公开性行为,就是要灭除的人欲了。

有的人可能愿意经济分析,功能主义地考虑后果和效率。公开性行为的性实践,利润在哪里?处罚的成本与收益有多大,会带来什么后果,不处罚又会引起何种激励?

按波斯纳在《性与理性》里的说法,人们的厌恶,哪怕是非理性的,不也是一种值得关注的外部成本吗?①

有的人可能喜欢从政治哲学上论证。公权力与个体自由的边界何在?国家能够或应当提供一种美好生活的标准和范本吗?就像刘小枫在《沉重的肉身》里的提问,“道袍的国家还是体现个人身体曲线的国家?”②

有的人可能青睐身体政治学和治理术的分析。按照福柯的说法,“所有那些乌托邦,正是通过反对这个身体,才开始形成的……第一个乌托邦,在人们心中扎根最深的乌托邦,很有可能恰恰是一个无肉身的身体的乌托邦”③。

如果说治理是通过身体的规训而引导人的灵魂,那么对身体性行为的限制,就是形成秩序的一种重要方式。而公开的性行为,恰恰是身体本能的最大释放,具有冲破一切身体规训和蔑视各种秩序的破坏力。

1968 年,巴黎学生在街头涂鸦,“越革命,越做爱;越做爱,越革命”。革命是秩序的天敌。在公共场所的性行为,不仅仅是“扰乱”秩序,这种让秩序感到害怕的东西,已经是一种革命。

可能还有很多很多,生物学、人类学、社会学……一道“公共场所的

---

① 参见[美]理查德·A. 波斯纳:《性与理性》,苏力译,中国政法大学出版社 2002 年版,第 154 页。

② 刘小枫:《沉重的肉身》,华夏出版社 2004 年版,第 16 页。

③ [法]米歇尔·福柯:《声名狼藉者的生活》,汪民安编,北京大学出版社 2016 年版,第 188 页。

性行为是否违法”的题目背后，拷问的是每个法律人各自的人生经历、阅读体验以及由此形成的一些内心确信。

它们如同脑海深处的潺潺流水，推动着我们的思维之舟，也滋润着每一个法律解释和适用的技术动作，让法教义学的工作，并不像表面上看起来那么枯燥干涸。

只是，大江流日夜。谁又能保证，自己这脑海中的潺潺流水，在时间、历史和人生际遇的弯道起伏中，不会激起哪些意想不到的浪花呢。而那些浪花，也终究会影响我们对法律的修正和理解。

那些封闭的条文和教义，永远不会束缚住法律人的想象力，那里有一个向着生活开放出无限可能的世界。

世界那么大，一起去看看吧。

⑥ 正当防卫，是拳击比赛还是抗击侵略？

导读

J城昆山路发生了一起震惊全国的防卫杀人案。某晚，处于醉酒状态的司机龙哥，驾车强行闯入非机动车道，与骑自行车经过的张三险些发生碰撞。龙哥下车后，辱骂、推搡、踢打张三。张三还击，龙哥随即从轿车中取出一把砍刀，持刀攻击张三。追砍过程中砍刀甩脱，张三捡到砍刀后砍了龙哥五刀。龙哥受伤跑向轿车，张三继续追砍两刀未中。后龙哥逃至附近绿化带内倒下，经送医抢救无效死亡。

当地警方当晚拘捕了张三。几天后警方依法撤销该案，并发布通报称，龙哥的侵害属于"行凶"，且是一个持续的过程，张三的行为属于正当防卫。

该案由于施暴者被"反杀"的戏剧效果，以及民众对暴力威胁下的正当防卫权的焦虑，受到了舆论的广泛关注。刑法第20条"正在进行的不法侵害"应当如何理解？具体解读背后的法理基础和支配性理念又是什么？在国家公权力未及时到场之处，正当防卫究竟是"fair play"的拳击比赛，还是抗击侵略的生存之战？

正当防卫的权利边界背后，潜藏着司法者的一整套价值观念。

全民瞩目的张三反杀案，已经被司法机关认定为正当防卫撤案了。熟悉司法现实的人都明白，实践中认定正当防卫很不容易，不可能每个案件都得到本案这样的舆论支持。这边，大家在为反杀案的突破欢呼，那边，网上流出多份曾被判定不成立正当防卫的案件文书。从一些关键性字句的表述上面，仍然能感受到，与反杀案撤案理由有诸多抵牾之处。道路既阻且长。接下来，更重要的事情，还是要超越个案，关注正当防卫的基本理念与一般性规则的更新和确立。

事中的一般人视角

评价防卫人，不能基于事后的全能视角，而要基于事中的一般人视角。

在涉及防卫的场合，对防卫人的评价，必须返回事发当时。司法者应当设身处地，先构想出一个具有社会平均程度的理智、情感和经验的人，再让这个“一般人”灵魂附体到防卫人身上，睁开双眼，面对事发当时的处境，想象这个“一般人”可能做出的哪些反应，是能够被法秩序所期待、接受或容忍的。最后，才能正确评价个案中防卫人的反应，是否处在上述合理反应的区间。

这事儿说起来简单，似乎人皆可做，但实际上，对司法者的经验智慧要求很高。因为这里的“一般人”，是指处在案发现场面对突发侵害的一般人，而不是平时处在正常社会秩序中的一般人。司法者往往需要通过接触大量的犯罪人和被害人，深入现场和卷宗材料中的大量细节，才能对犯罪现场的真实人性积累认识进而平均构想。

即使事后查明发现，防卫动作超越了必要限度，但是，也不能完全以这种事后立场，来评价事发当时的防卫人。因为，处在案发现场，防卫人不仅不可能具备全知全能的上帝视角，而且连那种平时处在正常社会秩序中的一般人的理智、冷静和判断力也难以满足。这也是为什么德国刑法典第33条如此规定的原因："防卫人由于慌乱、恐惧、惊吓而防卫过当的，不负刑事责任。"

综上，司法者在个案中想象防卫人面对侵害的反应时，不能从事后的视角，而是必须立足于案发现场的特殊情境中。而且，要以案发现场当时的"一般人"的理智与判断力，而非处在正常社会秩序中的"一般人"的理智与判断力，去评价防卫人。

侵害能力与侵害意图

判断侵害是否结束，要看侵害人是否已丧失侵害能力，或者是否明确放弃侵害意图。

《刑法》第20条第3款规定："对正在进行行凶、杀人、抢劫、强奸、绑架以及其他严重危及人身安全的暴力犯罪，采取防卫行为，造成不法侵害人伤亡的，不属于防卫过当，不负刑事责任。"

在类似案件中，侵害人实施拳脚攻击后又使用凶器，即使是用刀面"击打"也有随时转为"捅刺"和"砍杀"的可能性，这种侵害行为明显可以被评价为"行凶"，符合第20条第3款无限防卫权中关于侵害强度的条件，因而杀死侵害人的防卫结果，也为刑法所允许。

现在的关键问题是，刑法规定只有对"正在进行"的侵害，才允许防卫。如何理解“正在进行”？

在本案中，张三用刀捅刺龙哥两刀后，龙哥倒地，张三冲上去砍击一刀，待龙哥坐起时，张三又砍击一刀，龙哥站起来后，张三又砍击一刀。最后，龙哥转身朝汽车方向跑，张三追砍两刀未中。

那么，龙哥被捅刺两刀倒地之后，侵害是否已经结束？张三之后的几刀，是否是针对“正在进行”的侵害的防卫？本案是否属于事后防卫？以后类似案件，又应当遵循什么样的规则？

我认为，在类似问题上，要把握三点综合判断。

第一，侵害人是否已经脱离“当场”。

这里的当场，是一个在个案中综合考虑时空因素的概念。

一是空间因素。如果侵害人的逃跑路线，在空间上已经远离了打斗现场，而防卫人穷追不舍，甚至一路追杀几公里到对方家里，即使事后查明侵害人是打算回家取枪再返回现场二度侵害，但是这种侵害人已经在空间上明显脱离第一现场的情形，也不可能构成一个“正在进行”的侵害。

二是时间因素。即使侵害人在空间上没有远离，但在现场始终处于逃跑回避状态时（可能是围着汽车等障碍物跑进行躲避），也不能构成一个“正在进行”的侵害。如果防卫人在现场绕圈坚持追逐几个小时之后，终于将侵害人砍杀，应当认为由侵害人之前发起的侵害已经结束。这种在现场长时段追杀逃跑者的行为，超出了时间限度，消解了一个“正在进行”的侵害，属于事后防卫。

在本案中，根据现场视频和警方公布的案情，即使是张三追砍龙哥的最后两刀,也是靠近轿车周边,空间上处在案发现场。之前张三捅刺、砍击龙哥的五刀,用时7秒。防卫人的反击显然是极短时间内在现场完成的,因此该案不存在侵害人已经脱离现场的问题。

第二,侵害人是否丧失侵害能力。

如果在遭遇防卫后,侵害人没有逃离现场,那么,侵害人是否丧失侵害能力,是否存在再度反攻的可能性,是防卫人能否持续防卫的重要因素。再次重申,这里要从案发当时处在现场的一般人(甚至更严格的标准是从防卫人个人)的视角来看,而不能完全从一个事后客观的角度进行评价。

例如,侵害人倒地后又挣扎着要爬起来,即使事后查明,侵害人当时已经伤势严重到不可能继续打斗,只是做个样子而已,但是,只要处在案发现场的一般人都会认为,侵害人打算且有可能反扑,自己仍有被攻击的风险,就应当认定不法侵害"正在进行",就应当允许防卫人继续防卫。退一步讲,即使事后来看,这种情形确实属于"假想防卫",也可以根据不可避免的错误理论,减免防卫人的责任。

在本案中,张三抢刀后捅刺龙哥的两刀,时间和强度上,都不会有太大争议。可能的争点之一是,龙哥被张三捅刺两刀后,倒地又站起来的过程中,张三又连续砍击了三刀。这三刀是否适时?我认为,回答应当是肯定的。

从现场视频来看,龙哥被刺两刀后,并未表现出一种已经陷入完全丧失反击和侵害能力的状态,而是又迅速爬了起来。对此,由龙哥启动的不法侵害,就不能认为已经结束。在龙哥爬起来的过程中,张三又砍击了三刀，就属于针对“正在进行”的不法侵害。随后的事实也证明，龙哥站起来后，还与张三有一个简短的对峙状态，又被砍一刀后才转身逃离。

至此，即使一般人事后观看视频，也看不出龙哥在转身逃离之前，已经彻底丧失了侵害能力，对于处在案发现场的张三，就更不能得出“明知对方已经没有侵害能力仍然攻击”的结论。因此，张三在这7秒内捅刺砍击的5刀，针对的始终是一个“正在进行”的不法侵害，这一点，不会因为龙哥在此过程中曾经受伤倒地而有所改变。

另外一点争议是追砍的两刀。根据警方公布的案情，最后两刀没有砍中。

不过，在我看来，砍中与否，都不影响不法侵害没有结束的认定。一方面，龙哥跑向的，是曾经从中取出砍刀行凶的小汽车。即使事后查明，该汽车内并无其他凶器，但是，如前所述，从处在案发现场的一般人的事中视角来看，无法排除龙哥从车内取出其他凶器再度反扑的可能性。另一方面，根据警方公布的案情，龙哥被追砍两刀后，跑离开汽车，又持续跑了几十米，才最终倒地。这也说明，龙哥在被追砍当时，没有表现出完全失去反抗和攻击能力的状态。

因此，在这种情况下，张三追砍的两刀，面对的是一个一般人在当时都难以确定是否已丧失侵害能力的侵害发起人，对此，应当认定不法侵害没有结束，而是“正在进行”。最后两刀即使砍中，也属于正当防卫。

第三，侵害人是否放弃侵害意图。

在遭遇防卫后，侵害人的言行是否表现出其仍有继续侵害或反击的意图,是认定防卫人能否持续防卫的另一个因素。在类似案件中,一个无法通过视频了解但非常重要的事实细节,就是侵害人在被追砍逃离的过程中,嘴里到底说了什么话。人们可以看见监控视频的图像,但它是无声的。

从生活经验来看,在这种突发且有反转情况的现场,双方展开激烈对抗时,往往不会沉默地厮打。特别是像本案中这类侵害人,酒后咋咋呼呼地出场,主动挑衅攻击,未能压服对方后,又取得砍刀后返回加重侵害力度,伴随这些举止,侵害人通常都会发表一些辱骂和威胁的言论。

那么,在遭遇防卫人反击的过程中,侵害人是否会保持沉默?视频上看不出。一般来说,有几种可能:一是继续威胁、辱骂,二是认输讨饶,三是被砍傻了不吭声。

如果是第一种情形,侵害人在倒地或逃跑时,仍然不服地谩骂甚至表示“等下我弄死你”之类的威胁言论,这至少对外表现出,侵害人受挫是暂时的,他意图伺机反攻。因此,他的倒地和逃跑,均不能充分证明他打算结束由他发动的侵害。除非侵害人陷入一个相当明显可见的重伤倒地完全无力的状态,只是图个“嘴硬”,否则,就可以支持防卫人继续防卫。

相反,如果侵害人在倒地或逃跑时,积极大声地求饶认输,发表诸如“大哥我错了,我再也不敢了,你饶了我吧”之类的认怂言论,甚至跪地求饶,司法者就应当格外慎重地考虑继续防卫追杀的必要性。

虽然,也不能完全排除这可能是狡猾者伺机反扑的缓兵之计,但是,至少在这种情况下,还需要防卫人一方举证,说明对方放弃侵害意图的不可信和虚假性。这也是避免防卫权被滥用的一个路障。

谈生活经验的话，通常一个喜欢拉风出场、寻衅滋事、任意欺辱他人的耍威风者，在突然遭遇强硬反击后，可能拉不下面子在众目睽睽之下扑通跪倒，忏悔求饶。有这种能屈能伸、翻手逞能覆手认怂的本事，都可以当韩信了，也不至于暴毙街头。

拳击比赛还是抗击侵略

以本案为例，针对实践中经常出现的“侵害是否结束”或者“防卫是否适时”的问题，我在上面提出了几条判断规则。

现在要说的是，为什么应当树立这样的规则？

显然，如何理解《刑法》第 20 条规定的“正在进行的不法侵害”，确实存在一个见仁见智的解释空间。因为，对不法侵害的起点和始点的界定，不能依照一般的构成要件行为的着手和既遂的标准。这就在既有的比较稳定的教义学规则之外，又提出了新的解释任务。而这一任务，在理论上向来呈现开放之势，也因此，实践中做法不一，存在混乱。

“正在进行”是一个原则性规定，在这个弹性空间范围之内，确立何种具体规则，选择余地很大，不能简单地说，哪种规则就是法律唯一正解，相反规则就是违反法律，或者突破法治。此时，在正当防卫问题上的整体性的价值观念，往往就决定了司法者选择什么样的具体标准和规则。

我认为，在司法实践中，很多案例不被认定为正当防卫，背后的支配性观念，是司法者把侵害人与防卫人之间的争斗关系，自觉或不自觉地类比于拳击比赛，因而无形中在适用"fair play"的比赛规则。

简言之，即对方先用拳头打你，你也只能用拳头回击；对方不打了，你也得停止反击。

在我看来，这种将防卫场景视作拳击比赛的潜在观念，是影响正当防卫成为僵尸条款的重要原因之一，必须受到质疑和批判。

在包括拳击比赛在内的各种体育竞赛的场合，竞技双方进入赛场进行对抗的前提，是出于自由意志而接受潜在的比赛风险。对于在双方均接受的比赛规则下出现的伤害后果，是基于被害人同意或推定同意的法理而得到正当化。

按照这种自由意志选择而设立的公平比赛的规则，当然就是双方武器对等，点到为止，只分输赢，不分生死。只要对方一停，另一方的进攻也应当停止。因为比赛规则之下，双方都明白对方进退的尺度和分寸。

但是，在防卫的场合，起源、意志和规则完全不同。

就侵害人一方而言，当他实施不法侵害时，就意味着他已经基于自我决定，违反了法秩序要求的"不得侵害他人"的义务，由此进入一个可识别和能预料的规范设定的遭遇防卫反击的风险之中。这一风险的现实化，应看作侵害人人格自由的展开，刑法不应当再对其进行保护，由此产生的后果，根据自我答责的原理由侵害人自己承担。

侵害人实施何种强度的侵害，就应当预料和承受相应强度的反击；尤其当他实施了《刑法》第 20 条第 3 款所列的"行凶、杀人、抢劫、强奸、绑架以及其他严重危及人身安全的暴力犯罪"，就意味着自愿签订了一份被反击致死的同意书。

相反地，对遭受侵害者而言，他的防卫不是基于自由意志主动选择，而是被动地卷入由侵害人单方发起的侵略中，为了保护自己的利益而不得不应战。所谓“不法侵害”，也正是由于缺乏对攻的合意，才与打架互殴区别开来。在这种情况下，防卫人是被侵害人牵着走的一方，既没有主动攻击的意愿，也难以清楚准确地评估，对方是否会加大侵害强度和持续的侵害意图。

按照拳击比赛规则，若有一方倒地后，裁判喊停，另一方即不能再行攻击，而要等对方爬起来表示还有战力后，再重新开战。在司法实践中，那种认为遭遇反击的侵害人一旦逃跑或倒地后，侵害即告结束，防卫就必须停止的观点，是把犯罪现场想象成了拳击比赛。

问题是，比赛喊停的目的，是鼓励双方只要还能打，就恢复到公平状态下继续打。而刑法认定“侵害结束”的目的，恰恰是希望双方彻底停止争斗。这在本质上是完全不同的。

如果按照比赛规则去认定防卫，就会导向一个完全不可欲的结果。因为侵害本来就是由侵害人发起，由他的意志支配，如果过早裁定侵害停止，要求防卫人放弃防卫，侵害人却再度发动侵害，此时，法律能赶到现场吹哨喊停吗？如果防卫人因为放弃防卫而失去了局面优势，结果在侵害人背信弃义地转身再度侵害时遇难，此时，法律能为死者颁发一个“fair play”的体育精神勋章吗？

这些年，多少强奸后又杀人灭口的案件，如果被害人被强奸后趁着犯罪人穿衣服不注意时突然袭击杀死对方，按照现在通行的理解，犯罪人强奸的不法侵害已经结束了，在其没有表现出要实施杀人行为之前，被害人的袭杀,很可能就会被认定为是防卫不适时。这实在是让人愤懑又无力的逻辑。

犯罪现场,本来就没有不得加重侵害或反复侵害的规则。因为不法侵害一旦发动,就意味着侵害人已经打算进入不遵守任何规则的法外之地。何况现场又没有裁判,对违反规则者叫停。

作为防卫人,只有让对方丧失侵害能力或者明确表达放弃侵害的意图,才能做到自保,才能避免自己陷入难以预料的加重侵害和反复侵害之中。在此之前,他都应当被允许因为"不法侵害正在进行"而持续防卫。这就是防卫规则与比赛规则完全不同之处。

因为,如果有人通过"不法侵害",突破了法律约束,把你带入一个无法及时得到法律保护的险境中,这种未经同意,侵入一个公民的权利领域的行为性质,就是一种由个体发动的侵略。此时,你面对的就是一个人的战争。

此时,应当适用的不是比赛规则,而是战争规则。

如果不是靠强力把侵略者打到无力再战或者明确举旗投降为止,难道还要企图不战而屈人之兵,兵不血刃地靠逃跑来感动对方,靠仁义来感化对方吗?如果是这样,那十四年抗战就打错了。

要成为一个强大的,不受欺辱的民族,就要从培养每个人成为一个坚守正义不退缩的、不受欺辱的公民开始。难以理解的是,一边鼓励"正当防卫靠跑",一边还要唾弃那些历史上的逃跑将军和不抵抗政府,这不担心会导向国格分裂吗。

《刑法》第 20 条正当防卫条款,特别是该条第 3 款无限防卫权,它应当提供的，不是一个人主动进入赛场之后，面对竞技对手时的比赛规则，而是一个人被动卷入战场之后，面对侵略者时的战争规则。

因此，对刑法规定的理解与适用，必须在这样一种价值观念指导下展开：

正当防卫的本质，不是公平竞技，而是正对不正；不是拳击比赛，而是抗击侵略。

⑦ 不作为的网络平台，能否主张“技术中立”？

导读

张三创办的网络公司推出了一款“奇播”软件。这是一款基于视频点播的免费播放软件，任何人均可通过奇播软件上传视频，也可任意下载他人发布的视频观看。借助这种有别于其他视频软件的P2P技术，奇播公司在用户与用户之间搭建了一个视频文件传输、分享的平台，一度曾拥有高达上亿的庞大用户群体。

但是好景不长，经举报，警方从查获的奇播服务器中发现了大量淫秽视频。对奇播公司的行为如何定性，提出了一个极其困难的问题。

庞大的用户群体，加之牵引出互联网时代“技术无罪”的话题，奇播案引发了万人空巷的关注。争议的背后，刑法理论的峰峦叠嶂引人回味。

同时，这也引发了人们对技术创新和共享精神的再审视：如何理解互联网时代的中立行为？如何处理互联网时代的创新和监管之间的张力？网络服务商的义务和责任边界应当如何划定？技术创新所带来的风险，究竟是要归责给创新者，还是要作为社会存续和进步的必要代价，而由社会自我买单？

万物互联一路向前，引发的案件，以及超越法律的思考，也都不会终止。

奇播案在J城引发了万人空巷的围观效应，之所以有这么大的影响力，主要是由于：奇播软件有一个很明显的技术特点，也是它与其他播放器软件的一个最大区别，那就是视频内容可以在使用奇播的用户之间分享，这就大大地扩展了视频来源的数量和丰富性，因此受到用户的追捧，奇播用户量非常大，奇播出事了，用户们都特别关注。

然而，也正是由于这个让奇播播放器风靡一时的技术设计，让奇播公司在法律上栽了跟头，也让奇播成为一个全民讨论的热词儿。

检方认为，奇播公司自成立以来，基于流媒体播放技术，通过向国际互联网发布免费的QVOD媒体服务器安装程序（以下简称QSI程序）和奇播播放器软件的方式，为网络用户提供网络视频服务。其间，奇播及其负责人张三为牟利，在明知QSI程序及奇播播放器被网络用户用于发布、搜索、下载、播放淫秽视频的情况下，仍予以放任，导致大量淫秽视频在网上传播。

这种行为到底应当如何定性？奇播案所照亮的以往在法律上被忽视的角落，至今仍然值得深入思考。

司法解释中“明知的帮助犯”

通常情况下，一个网站如果被认定为是传播淫秽物品，往往是由于网站本身储备或者发布淫秽信息，或者作为专门供用户发布淫秽信息的平台。奇播案件的特殊性在于，奇播软件不是一个网站，只是一个技术中立的播放器软件，其本身并不包含或者发布淫秽信息。

但是，如果一个奇播用户观看的视频中有淫秽视频，那么，这个视频就可以被其他用户分享,而分享的人多了,就从一个点对点的分享,变成一种在不特定多数人之间的传播。从技术层面来看,奇播软件在客观上是这种分享和传播得以实现的一个支持工具。

概言之,奇播既不是一个淫秽信息的内容提供者,也不是一个专门供用户发布淫秽信息的平台,但是作为一款可以播放各种视频信息的播放器软件,客观上为那些分享淫秽信息的用户提供了帮助和便利,这就是其涉嫌犯罪的事实基础。

那么,根据奇播播放器在客观上能够帮助用户传播淫秽信息这一事实,而指控奇播公司成立犯罪,法律依据是否充分?

2004 年"两高"《关于办理利用互联网、移动通讯终端、声讯台制作、复制、出版、贩卖、传播淫秽电子信息刑事案件具体应用法律若干问题的解释》第 7 条规定,明知他人实施制作、复制、出版、贩卖、传播淫秽电子信息犯罪,为其提供互联网接入、服务器托管、网络存储空间、通讯传输通道、费用结算等帮助的,对直接责任人员和其他直接责任人员,以共同犯罪论处。

对于为传播淫秽信息者提供网络播放器软件的行为,该司法解释并没有专门界定。不过,按照提供互联网接入、服务器托管、网络存储空间等服务的均被认定为共犯这一逻辑来看,具有在互联网上发布和搜索等功能的播放器软件,由于同样是在客观上为传播淫秽信息者提供"帮助",因而也应得出同样的定罪结论。

此外,2010 年"两高"《关于办理利用互联网、移动通讯终端、声讯台制作、复制、出版、贩卖、传播淫秽电子信息刑事案件具体应用法律若干问题的解释(二)》第 4 条规定,以牟利为目的,网站建立者、直接负责的管理者明知他人制作、复制、出版、贩卖、传播的是淫秽电子信息,允许或者放任他人在自己所有、管理的网站或者网页上发布达到一定数量或数额的,按照传播淫秽物品牟利罪处理。

该司法解释也没有专门界定提供播放器软件的行为性质。但是,按该司法解释,网站建立者和管理者允许或放任他人在自己网站上发布、传播淫秽信息,就具备了传播淫秽物品的故意。

这两个司法解释的共同点是,只要一个行为客观上对犯罪行为有帮助作用,行为人主观上也对此明知,该行为就应当按照帮助犯处理。

这样看来,奇播公司的播放器软件在客观上为用户传播淫秽信息提供了帮助作用,管理者也对此存在主观明知,按照上述司法解释的定罪思路,认定奇播公司构成传播淫秽物品牟利罪的共犯,在法律上似乎并无疑义。

刑法规定中"通谋的共犯"

但是,如果将这些司法解释与更高位阶的刑法条文来对比考查,会发现一些微妙但是关键的差异,而正是这些差异,会直接导致不同的结论。刑法典分则中关于共犯的直接规定很少,这里仅举两例说明之。

(1)《刑法》第 156 条关于走私共犯的规定,"与走私罪犯通谋,为其提供贷款、资金、帐号、发票、证明,或者为其提供运输、保管、邮寄或者其他方便的,以走私罪的共犯论处"。

(2)《刑法》第 350 条关于制造毒品罪的共犯规定,"明知他人制造毒品而为其提供前款规定的物品的，以制造毒品罪的共犯论处”。

显然，(1)成立共犯必须是“通谋”，(2)则只要“明知”即可。

为什么会有这种不同？仔细观察后可知，在(1)中的行为，是为走私者提供贷款、资金、账号、发票、证明，或者提供运输、保管、邮寄等，这些都是属于现代社会生活中非常普遍的、大量存在的日常行为。提供此类帮助者，必须事先与他人有通谋。

而在(2)中的行为，即为制毒者提供制造毒品的原料或者配剂，却并不是一种日常性的行为，显然，这些制造毒品的原料或者配剂不同于普通的货物，持有者或经营者不能向其他的日用商品一样随意向他人提供。提供此类帮助者，主观上只要明知就足以入罪。

由此可见，尽管行为都是在客观上为他人犯罪提供了帮助，但是，鉴于不同帮助行为存在某种性质差异，相应地，入罪时对于行为人的主观方面的要求也宽严不同。

但是，以往立法上这种刻意的、精细的区分，被司法解释的制定者们有意或无意地抹杀了。上述提及的各个司法解释，对为他人犯罪提供帮助者，主观上一概以是否“明知”衡量之。只要达到这一门槛，不再进一步考虑有无“通谋”的问题，而直接以共犯入罪。同样是帮助行为，提供贷款、提供网络服务与提供制毒原料之间有无差异？以及这种差异有无法律上的重要意义？这些问题，在上述司法解释的定罪逻辑中，似乎处在了一个盲点的位置。

实践中的盲目，并不意味着理论上的缺席。与这里讨论的法条、司法解释以及类似奇播案紧密相关的，是刑法理论上的“中立的帮助行为”的问题。

中立的帮助行为

在我们的社会生活中,每天有无数的日常性事件发生,其中一些行为,直接或间接地为犯罪行为的实行提供了帮助。例如,开饭店,开公交车或出租车、开商场、开加油站等,这些行为本来都是中立无害的。

现在假设,有一个人到饭店来吃饭,是打算吃饱了有力气去杀人的;有一个人上了公交车或者出租车,是打算去火车站实施爆炸的;有一个人到商店里买一把榔头,是打算入室盗窃的;有一个人来给车加油,是要开车去抢银行的……

如果这些场所或设施的经营者对此“明知”,不仅知道那个人的犯罪意图,而且也知道自己的经营行为会为那个人的违法犯罪,提供帮助或者促进的作用,但是他仍然照常为那个人提供饭菜、提供运输、卖榔头给他、给他的汽车加油……事后来看,经营者的行为在客观上确实对犯罪人起到了帮助作用,是其犯罪行为得以实施的因果链条上必不可缺的一环。

从共同犯罪的基本原理来看,既然提供支持者认识到了罪犯的行为,又有客观的帮助效果,那么,就应该按照帮助犯予以处罚。但是,这些日常行为的存在和实施,是被这个社会生活接纳、允许甚至必不可少的一部分,这就出现了矛盾和冲突。法律是否应当惩罚这个外表看起来是中立无害的,但客观上又有帮助作用的行为呢?

这就是刑法上的“中立的帮助行为”之争。在法教义学上,这个问题被具体讨论:在何种程度上,一个日常中立的行为,能够被评价为是可罚的犯罪行为? 对此,理论上存在很大争议。

可罚性限缩的思路

有较为激进的少数观点认为,中立的帮助行为与普通的帮助犯一样,不存在任何特殊性。帮助犯的处罚规则并没有对某个行业给予特殊的优待。如果认为一种符合交易惯例的帮助方式有别于其他的帮助犯,那么就会在此撕开一道惩罚漏洞,在这个漏洞的范围之内,鉴于这种有利可图而又没有风险后果的划算理由,会形成一种特别有效的刺激,激励人们去提供这种可以出售的支持和服务。

但是,这种不加限制的观点很少得到支持。学界的主流意见认为,应该对中立行为的处罚进行限制。

其中,一些观点是从客观构成要件层面进行入罪限缩。理由在于,如果把各种日常行为千篇一律、机械地视作抽象的支持行为,这会导致刑法构成要件的范围不可接受的过度延伸。

当一个日常行为能够被公民的一般性行动自由所覆盖和庇护时,客观构成要件的部分就已经取消了。仅依靠剩下的主观部分,惩罚一个提供间接帮助的行为决意,是对个人自由的不被允许的限制。这是要求从事日常生活交往的人,对于犯罪人承担起一种额外的监管义务,或者说赋予其一种对于受到威胁的特定法益予以保护的保证人地位,而这种要求是缺乏根据的,也违背了基本的生活情理。

在从客观层面加以限缩的理论阵营中,具体的角度和进路也存在差异。

例如,有的观点主张通过社会相当性理论进行限制。具有社会相当性就意味着一种属于通常状态的、在社会上行动的自由。如果行为落在这个范围之内,它就同时脱离了刑法构成要件的包围。中立行为所创设的这种风险,落在应该由社会答责的范围内,因为既然它是一种在日常生活中大量出现的、被社会生活秩序允许进行的,社会就要为这种诞生和容纳这种行为的后果负责。

也有的看法认为,一般的社会相当性标准有些模糊宽泛,应该进一步加上"职业"的限制。并非所有的中立的、具有社会相当性的行为,都应该被排除刑法构成要件的范围,而仅是那些条件或群体被专门化的或被地方化的行为人,如医生、糕点师、律师、税务顾问等,由于其职业的性质和行规而形成了职业的社会相当性,这样的职业相当性就应该被预先规定在构成要件之外。

之所以如此,是因为如果每一个职业都公开其行业行为规范,并在这种规范下履行了国家和社会认可的工作任务,也就是都在执行社会的分工,那么,就可以推论说,这种行业规范并没有和刑法相抵触,而是呈现相互补充和更加具体化的关系。

还有一种看法认为社会相当性的标准过于苍白,需要进一步借助客观归责理论。只有通过客观归责理论的替代和弥补,才能对于那些间接地引起危害后果的帮助行为提供能否归责的具体化的标准,也就是说,是否创设了一个法所不允许的,而且在具体结果中被实现的风险。

与上述从客观要件层面加以限制的思路相反,还有一些观点从主观层面入手，区分直接故意和间接故意或者是看有无促进意思。此外，还有学者采取较为折中的观点，认为在中立帮助行为的问题上，主客观要素有必要同时考虑。

在中立的帮助行为的问题上，理论观点林林总总，理由不一而足，但是一个共同的努力方向，都是在为这种中立行为的入罪化，寻找一个可靠的教义学上的限制标准。进一步来说，这些教义学的技术方案的背后，或者说，制约甚至决定人们设计或者选择具体理论方案的驱动力，是要回答一个宪法的、甚至是法哲学和公共政策上的一般性问题。

那就是，一个行为可能在某些场合创造了风险，但同时，它是一种在日常生活中大量出现的、被这个社会生活秩序允许和接纳的行为，那么，这个行为创设风险的后果，究竟是要归责给这个行为人，还是要作为社会存续和进步所必付的代价，而由这个社会自己消化、自我答责呢？

谁是传播淫秽物品罪的正犯

奇播案把以往在理论上较少被关注到的中立帮助行为，带到了学界和实务界的眼前。为上网用户提供各种技术支持，看起来是互联网时代最平常不过的一种技术工作。如果主张中立帮助行为不可罚的观点，且认为奇播的行为属于被社会秩序接纳和允许的中立行为，那就会得出奇播无罪的结论。

但是，如果认为中立帮助行为也有可罚性，那接下来还有一个重要的门槛需要跨越，即奇播到底帮助了谁？换言之，谁是被奇播帮助的、传播淫秽物品罪的正犯？

有一篇爆款网文的题目暴露了答案,“今夜我们都是奇播人”。据统计,奇播的用户规模为4亿人到5亿人。没错,切实从奇播中受益,得到奇播帮助的那个“他人”,就是这几亿个奇播用户。更准确地说,在奇播案中,是使用奇播发布、下载、观看过淫秽视频的所有人。

肯定有人不以为然。就算几亿个用户中有部分宅男,通过奇播的帮助,在家里看个岛国片,增长了知识,锻炼了才干,那又怎样?难道这也能算是“传播”吗?

这个看起来理直气壮的反驳,其实有点虚弱。通常情况下,个人观看淫秽视频,并不构成刑法上的“传播”。因为所谓传播淫秽物品,是指向不特定的公众散布或传送淫秽信息。如果个人观看的淫秽信息不对外扩散,那这种观看行为本身当然不构成传播。

但是,奇播的特点就在于它是一款在线P2P式的播放器。片源和带宽可以在使用奇播的用户之间实现分享。每一个奇播用户,既是索取者,也是供给者。能够实现信息分享,正是奇播的特色。没有信息分享,那就不是奇播了。

在这个特色中,首当其冲的传播行为,来自那些视频发布者。他们通过QSI程序编辑视频后,将生成的链接发布到网上,其他用户就可以通过这些链接看到视频。这种视频发布当然具有传播的性质。

世上本没有路,走的人多了,就成了路。某个淫秽视频看的人多了,就会由于播放热度而被奇播系统自动地存储到缓存服务器上,并形成热播排行榜,于是又会被更多的人看到。

在这样一个不断扩散的因果链条中,每一个点击、观看、下载视频的用户，客观上都是那巨浪形成中的涓涓细流，在推动视频被广泛传播的过程里发挥着作用。

但是，对传播发挥作用，并不等于就是传播行为。在PC端上，一个奇播用户，除非是主动发布和上传视频，否则，仅仅是下载或播放，不能认定为刑法意义上的传播淫秽物品行为。

不过，奇播不仅在电脑里，它也出没在手机上。据说业界有一种说法，凡是男人的智能手机里，都装有一个奇播。虽然有点夸张，不过可以侧面反映手机奇播有多火。手机奇播有一个喜闻乐见的"雷达"功能，可能会让成千上万的奇播用户，成为传播淫秽物品的正犯。

和微信上"附近的人"一样，奇播的用户，可以使用"雷达"来搜索附近其他人使用奇播所观看的视频信息，并可免费无阻碍地同步观看视频。

这个彻底的P2P的分享事实，在法律上的意义，可是非同一般。

你打开手机上的奇播雷达，发现隔壁老王正在看一个小黄片，你心里暗赞一声，点进去默默欣赏。你爽了，但是老王可能就出事儿了。

一个明知使用奇播看片能轻易被其他人搜索到而仍然看片的老王，他的行为，不仅仅是看片，而已经是在传播了。这种播放器使用，超越了单纯的个人播放，当它与奇播的雷达和分享功能结合时，就变成一种在不特定多数人之间的散布，具有了传播的效果。

举个例子吧。如果你一个人在家里看岛国片，这没问题。但现在你觉得室内空气闷，憋得慌，于是带着笔记本电脑到一个广场上，坐在长椅上播放观赏，结果呼啦啦吸引来一群人围在你身边，"奇片共欣赏，疑义相与析”。

围观的人越多，就越会吸引更多的人围观。你可能沉浸在自己的赏片世界中，对客观上分享给他人也无所谓。但是，当个人的观赏与一个可被不特定的他人分享的平台相结合时，这种播放，客观上就是在散布和传播。

一定会有人抱屈说，我可没想过要传播！但是，不必积极追求，一个人只要容忍或放任不特定的他人分享自己播放的视频，主观上也具备了传播的间接故意。

刑法上认定传播的故意，不需要你切实认识到自己的行为性质是“传播”，只需要你认识到，自己看的视频会被不特定的他人看到就行了。的确，“今夜我们都是奇播人”，再加上个括号，（作为传播者的）奇播人。

这个结论有点惊心动魄。但是，问题在于，又有哪个司法机关，会打算把千百万个宅男带上被告席呢。不可能指控奇播用户的理由，除难以取证和立案标准等因素之外，根本的原因在于，如果真敢把海量的奇播用户列为被告人，那就相当于把色情行业、言论自由与个人隐私这样一组永远处在法理争辩之路上的基础性话题，以一种举国大曝光和上亿人玩真心话大冒险的方式，避无可避地推到了全体国民面前，可以想象那举国上下鸡飞狗跳的场面，谁能有这个折腾的胆量和魄力呢？

一个宅男是宅男，几亿个宅男加起来，那就成了人民，至少也是人民的一部分。而人民，只能当原告，是永远不可能成为被告的。

作为形式的传播与罪刑法定原则

讨论中立的帮助行为,是预设存在一个传播淫秽物品的正犯为前提的。

既然人民不可能是正犯,就出现了另一种被司法者青睐的观点,为什么不直接将奇播作为传播淫秽物品的正犯来认定呢?

认定一个人有罪,要严守罪刑法定原则。并不是先指出一个人很混蛋或者一个公司没底线,足以成为鄙视的对象,不惩罚不足以平民愤,于是定罪这事就完成了。

没有人会认为奇播多么清纯,也没有人会认为奇播的技术中立到完全与黄无涉。但问题是,刑法上并没有"涉黄罪",奇播被控的罪名是传播淫秽物品牟利罪,能否定罪的核心问题,不是奇播有没有原罪或涉不涉黄,而是奇播的行为性质,是否属于刑法上传播淫秽物品罪意义上的"传播"?

对此,两种意见形成了激烈的交锋。

控方认为,奇播公司在明知自己的播放器被网络用户用于发布、搜索、下载、播放淫秽视频的情况下,仍予以放任,导致大量淫秽视频在互联网上传播,这就是传播的行为。

辩方认为,奇播公司没有传播的行为,因为奇播不能主动上传视频,淫秽物品来自第三方。奇播公司不提供任何淫秽视频,不同于网络内容的提供者。用户点击导致视频缓存,而点击与否完全是用户的选择。

其实,控方与辩方说的,不完全是同一个"传播"行为。控方指控的"传播",显然贴近一种不作为意义上的传播。而辩方强调的,更是一种作为意义上的传播。

但是控辩双方可以在一点上达成共识：如果说作为形式的"传播"，是指信息来源者积极主动地散布信息的行为，那么，奇播公司确实没有传播行为。

很多人纠结于奇播的缓存服务器里有大量淫秽视频。但这里的问题，不在于对缓存这件事的技术评价，而在于从刑法解释的层面来看，缓存用户播放的文件，与那种对作为意义上的"传播"的日常理解，是不相符合的。

基于罪刑法定原则的要求，刑法用语中描述各种行为的动词的含义，基本上都是从作为犯的日常意义上展开的。

由于用户的上传和播放，导致奇播的服务器里存储了缓存的视频文件，使得其他用户又能进一步调播，奇播在这个过程中当然发挥了作用，但是，在对这一事实进行法律涵摄时，解释者只要中立地诉诸自己的汉语语感，就知道它很难符合通常所理解的作为意义上的"传播"。

非法律人士最喜欢用的一个判断句就是，这种行为"本质上就是……"或者"相当于是……"但是，这种说法恰恰是罪刑法原则的死敌。事物之间的联系是普遍存在的，因果链条是可以一直追溯的，相似的东西有千千万，人和狗"在本质上"都属于动物。

如果不坚守住罪刑法定原则，如果刑法解释超出了日常用法可能的射程，而完全按照惩罚必要性的角度去思考，就会出现刑不可知而威不可测的局面，我们每个人，也都将生活在一个无远弗届的刑罚之网中。

因此，司法者在这里要有一个基本的克制，克制住那种按照"本质上就是”或“相当于”去解释和适用法律的冲动，客观中立地去揣摩“传播”一词的日常含义。这是检验一个司法者心中是否受过罪刑法定原则淬炼的关键，也是他有别于普罗大众的专业素质和公信力所在。

不作为形式的传播与保证人地位

但是，没有积极主动地、作为形式的“传播”，并不意味着就必然无罪。下一个焦点问题是，奇播公司能否被认定为是消极的、不作为形式的传播？

这是一个非常困难的问题。在刑法理论中，不作为犯和共同犯罪相似，都是“令人绝望之章”。在这个荆棘丛生、到处是黑暗和混乱的领域里，几乎很难找到共识和通说。

不作为犯领域中的千古难题，就是保证人地位/作为义务的来源和根据。而对于用户使用奇播所导致的淫秽视频传播，奇播公司到底有没有防止结果发生的义务和保证人地位？

一种观点认为，应当检视行政法上到底有没有具体的规定和要求，证明奇播公司有技术预判和防范的义务。可是，即便有明确规定，一个(刑法之外的)法律规定的义务，对于肯定一个刑法上的保证人地位而言，也是远远不够的。

保证人不履行作为义务，是要由此得出犯罪的结论。如果仅仅由其他法律法规上的义务，就直接导出刑法上的义务，那就是把犯罪简单地等同于违法违规加上严重后果了。

这种被称为“形式的法律义务”的理论，自费尔巴哈提出之日起，其逻辑错误经过了近一百年才被发现。虽然现在仍可见于一些教科书，但是，在真正的学术讨论中，它早在几十年前就过时了。

在奇播案中，无论法律、行政法规、行业标准是否规定了监管或防范的义务，都不是认定刑法上的保证人地位/作为义务有无的根据。有法律义务，未必就是保证人；没有法律义务，未必就不是。因此，争论有没有（刑法之外的）法律法规规定的义务，对认定一个不作为的传播行为来说，是个伪命题。

那么，在刑法没有明文规定义务，又不能从其他法律直接援引义务的情况下，如何确定刑法上的保证人地位？这就需要实质上的法理根据。这方面的学说文献，简直汗牛充栋。

这里只能举一种源于德国，但在亚洲诸国比较有影响力的“支配说”，作为检验奇播案的理论前提。按照支配说，保证人就是那个在不作为犯罪发生之前，对法益无助状况或危险源有支配力的人。

例如，在小朋友陷入险境之前，父母就已经对他的特定生活领域有支配。这就是对法益无助状况的支配。如果小朋友出事时不救助，父母作为事前的保证人，就成立不作为的杀人罪（保护型保证人）。

再如，在狗没有咬人之前，主人对狗就已经存在支配关系。这就是对危险源的支配。如果当狗咬人时没有阻拦和制止，这个主人就因为其事前的保证人地位，而成立不作为的伤害罪（监管型保证人）。

回到奇播案。通常人们会把“国家对文化市场的管理秩序和良好的社会风尚”界定为传播淫秽物品犯罪的保护法益。那么，奇播公司在“大量的淫秽视频在互联网上传播”的结果出现之前，有没有对这种法益无助状况的支配（保护型保证人）？

回答必然是否定的。如果说，在用户开始使用奇播但还没有传播淫秽视频之前，文化市场的管理秩序和良好的社会风尚，就处在了一种像快饿死的小孩一般脆弱无助的状况，这恐怕不仅说理吃力，文化市场的管理者也不会同意。

进一步追问，奇播有没有对危险源的事前支配（监管型保证人）？这就要看什么是"危险源"了。通常说的危险源有几类，例如，像动物或者精神病人这样的具有攻击性的活体；又如，像一些娱乐场所的带有冒险性的游乐设施，还有，一些观点也把先行行为归入危险源的范畴。

那么，奇播案中的危险源是什么呢？

是奇播用户吗？

把用户视作是具有法益攻击性的藏獒或精神病人这一类的"危险源"，肯定会挨骂。用奇播看片的人很多，片子的种类也很多，推定所有的奇播用户都必然会去追看淫秽视频，成为危害社会风尚的危险源，这不仅是与人民的实际乐趣过不去，而且还是与人民的高尚名分为敌。何况，奇播公司与用户之间的关系，也完全不同于主人与狗，或看护者与精神病人之间的监护型支配关系。

是奇播提供技术平台的先行行为吗？

典型的、毫无争议的先行行为的例子是，如果你带邻居小孩游泳进入深水区，那么，当孩子溺水时，你就要因为自己的先行行为而存在一个保证人地位及救助义务。在这里，带小孩去深水区，与小孩溺水之间，形成了一个直接性的因果链条和归责线索。由于缺乏独立意志和求生能力，因此小孩自身的游泳姿势不当，不足以切断这个链条，不能由小孩自我答责。于是，先行行为提供了一个保证人地位，产生了对小孩的救助义务。

看到这里，很多人可能会说，对嘛，奇播就存在这样一个能够提供保证人地位的先行行为。正是因为有了奇播的技术平台，包括服务器提供缓存，才会有最后的淫秽视频被大量传播的后果。

而且，对使用手机奇播的用户来说更是如此，相互之间能看到各自手机上的淫秽视频，完全得力于奇播雷达的定位搜索功能。没有这个雷达，隔壁老王就是一个自娱自乐的宅男；有了这个雷达，老王就可能变成一个“独乐乐不如众乐乐”的传播者。

这么说来，奇播的技术平台似乎就是一个先行行为，是整个因果链条中不可缺少的一环。而且奇播也完全可以做到取消像“雷达”“点播榜”这一类的功能设置。既然如此，能不能得出结论说，奇播存在一个对危险源的事前支配力，具有监管型的保证人地位？

但仔细想一想，似乎又不太对劲儿。

奇播案的情形，与上面所说的带邻居小孩游泳的先行行为之间，有一个显著的区别。在奇播提供平台的行为与后面的传播后果之间，存在一个独立的、承前启后的、对后果有事实原因力的行为，那就是用户发布、下载和播放淫秽视频的行为。

在法规范上，既不能推定几亿个用户使用奇播都是为了去看淫秽视频，也不能认为去看淫秽视频的都是缺乏选择能力的、禁不住诱惑的未成年人。使用奇播的用户与被带入深水区的小孩不同。一个理性的成年人，不是没有自我决定能力的儿童，他的行为在法律上有独立的意义。不能说由于有了奇播，就必然导致人们经不过诱惑去上传淫秽视频。这个推理结论不能成立。

正是因为这个无法忽略独立意义的用户行为，介入并切断了奇播平台与传播后果之间的因果链条，成为对因果流程的走向具有决定性意义的一环，这就与先行行为的一些典型例证之间产生了重大差异，使运用先行行为理论来论证保证人地位的努力变得苍白起来。

当然，这仍然只是一个理论上的观点。特别在学说林立、缺乏通说的状况下，论证结论均难言唯一性。更多的理论和检验，就不一一展开了。但无论如何，在刑法条文没有明确规定的情况下，要想从法理上充分证成奇播具有刑法上的作为义务，确实存在很大困难。

重要的事情，最后再说三点。

第一，在行政法上，奇播可能有网络信息安全监管的义务，但是，这与是否具有刑法上的防止淫秽视频传播的保证人地位和作为义务，是两回事。第二，在因果联系上，奇播对淫秽视频的传播确实起到了作用，但是，这与是否具有刑法上的防止淫秽视频传播的保证人地位和作为义务，是两回事。第三，无论怎样，那种仅仅从某些法律法规或者因果联系等因素，就直接推导出保证人地位和作为义务的想法，是想得太简单了。

作为可能性与作为能力

退一步讲，假设认定奇播在刑法上有作为义务，接下来的问题是，要想防止淫秽视频传播，比较有效的具体措施是什么？奇播做了吗？

在这个问题上，奇播案的控辩双方曾有过一番论战：

提问 ｜ 奇播目前安装的110系统能否100%屏蔽不良网站？目前的图像识别技术，能否区分淫秽视频和普通视频？能否凭借视频编码，知道视频的内容？

回答 ｜ 技术上做不到。

提问 ｜ 既然没有有效的甄别和拦截技术，那能不能用人工来完成这一任务呢？

回答 ｜ 奇播上亿个用户，每天看不同节目，如果采用人工方式，公司就开不下去了。

提问 ｜ 既然控制不了淫秽视频，为何不去改变经营方式？为何不转型？

回答 ｜ 奇播不具备做内容的基因，做技术不可耻。手机天天短信诈骗，咋不要求中国移动转型？

这里涉及不作为犯的理论中，作为能力或者说作为可能性的问题。能为是应为的前提。客观上根本不可能之事，或者个人没有能力做到的，法律上就不应该强人所难。

例如，要求身在北京的父亲，纵身去救在三亚溺水挣扎的儿子，或者要求一个瘫痪在床的儿子，纵身去救溺水的母亲。这要么属于任何人在当时的情境下都做不到的事情，要么属于从个人物理能力上来看做不到的事情。

但是，就奇播案来说，这个问题要更加复杂。如果站在一个纯粹客观的技术分析的立场，的确，在奇播的平台上，现有技术难以有效地甄别和拦截淫秽视频。但是,控方没有在奇播从技术上无法拦截的可能性上提出更多质疑,而是追问:技术做不到,为什么不能人工?人工成本高,为什么不转型?

这个问法看似奇葩,其实很厉害。如果说技术上甄别和拦截是客观上无法实现的事情,但是,用人工对视频一一查看和拦截,这一点做不到,则是因为成本太高或者不愿意转型而已。这是两个不同性质的"做不到"。前者是"真"做不到,后者是"假"做不到,因为如果去做,就会使得奇播的企业利益受损。

人工拦截?运营成本太大。实名制注册或审查本地文件?会导致大量用户流失。企业转型去做内容?没有比较优势,放弃既有市场,损失惨重。这些,就是如果奇播要动真格的,就必然要付出的巨大代价。

应当说,控方的追问很强悍。而奇播公司对这个问题的回答,看似机智,其实恰恰表明,奇播不是没有作为能力,也不是没有防止淫秽视频传播的可能性,而是奇播不愿意,为此去付出那么高的成本,那么大的代价。

说到底,张三那句"奇播不做内容,做技术不可耻",以及"凭啥中国移动不转型",共同道出了一个不服:凭什么?凭什么要求奇播为了防止淫秽视频传播,付出那么大的代价?

问得好。凭什么?

就凭那个暂且假设成立的保证人地位。既然是保证人,又有作为能力,就必须履行作为义务。既然参加了游戏,砸锅卖铁也得遵守规则。这没什么可讨价还价的。

但是，话又说回来。是不是真的必须要砸锅卖铁啊？难道就没有一个利益衡量吗？其实也还是有的。在不作为犯的场合，允许一个具有保证人地位而又不履行义务的行为人，提出利益衡量的抗辩。

举个例子，一个父亲拒绝跳水去救助溺水的儿子，理由是会损害自己身上的名贵西服，哪怕他说会损害手上戴着的可以对星空苍穹进行天文描述的、价值几千万元的百达翡丽，恐怕也难以获得认同。不过，如果这个父亲说自己有心脏病，跳水救人可能会危及自身安全，为了避免自己伤亡而放弃救助（注意：是有抢救可能性而不救），就可以用利益衡量为由对自己的不作为进行抗辩。

鉴于生命高于财产是一个存在共识的法益位阶，对于上面两种循此决定的利益衡量的结果，基本上也不会有争议。

但是，奇播案中的利益衡量，就复杂多了。一边是作为保护法益的文化市场的管理秩序和社会风尚，一边是企业要遭受的重大经济损失的风险（可能还会有人员失业、税收减少等问题），在利益的天平上，两者孰轻孰重？

企业履行监管义务的最大成本边界何在？在缺乏一般性的明确标准的情况下，这个令人头疼的问题，只能是交给个案中的法官权衡了。

但有一点需要澄清。拿中国移动作对比，只能是图个嘴巴痛快，对奇播来说，并无益处。

第一，中国移动这类企业经营的通信业务，对人们生活的重要性和产生的巨大的社会利益，已经得到充分的证明和认同。整体性地消灭短信业务，导致的利益损失也是明确而巨大的。这一点是奇播不能比的。

第二,诈骗短信在中国移动的短信业务中所占的比例毕竟没那么巨大。这一点,也是四台服务器里淫秽视频占了70%的奇播所不能比的。第三,甄别和拦截诈骗短信,几乎就是客观上不可能的事情。诈骗短信里不会写明“我是骗子”,即使人工甄别,一个个短信内容摆在人们眼前看下来,也难以甄别。认定诈骗是个专业工作。企业不是司法机关,没有能力准确地判断一个短信是否为诈骗短信,无论付出多大的成本和代价。

最后这一点,也是奇播不能比的。如果人工甄别,一个个视频看下来,当然可以轻易地判断哪个是淫秽视频。庭审中不就有鉴定师出场了吗?这是只要企业肯付出成本和代价,就能够做到的事情。

人比人,气死人。想拉中国移动这类企业下水垫背的辩护策略,实际作用是有限的。

明知他人犯罪与违法性认识

除上面这些客观争点外,在主观层面,奇播案也有一些有意思的问题。

比如,“明知”的问题。很多人觉得,这就是个证据证明的问题。张三自己也承认知道服务器的缓存文件中可能存在淫秽视频。因此,在2万多份淫秽文件的证据面前,不承认“明知”,在很多人眼里就是个狡辩。

但是,这还真不仅仅是个证明的问题。当我们说奇播“明知”时,是在说明知他人传播淫秽视频。这里有一个很重要的点,那就是,什么叫

"他人"?

"他人"不等于"有人"。前者是指具体的、特定的人,后者是指泛泛的、抽象的、不特定的人。如果把明知"有人"等同于明知"他人",就难以回答下面的问题:

像中国移动、中国联通这样的公司,不可能不知道"有人"利用电话或短信进行诈骗;大型超市的经营者,也可以预见到日夜穿梭的人流中,肯定"有人"会使用购买的一些器具实施盗窃,那是否意味着,这些主体都具备犯罪故意中的"明知"呢?

答案显然是否定的。说"有人"犯罪,就意味着还有人没有犯罪。只有能够明确到是哪些具体的人在实施犯罪时,才涉及刑法上的"明知"。

奇播公司明知,在几亿用户中,有的用户会发布合法信息,也有的用户会发布淫秽视频,但是技术上不能甄别两者。这种明知,是明知"有人"而非明知"他人"在传播淫秽视频。只有在奇播能够甄别和判定,哪些用户上传的文件,或者缓存服务器中的哪些文件包含淫秽内容的情况下,才谈得上"明知他人"而非"明知有人"传播淫秽视频而放任的问题。

总之,知道缓存文件中可能存在淫秽内容,属于"明知有人"在传播淫秽视频;知道或者(通过技术)应当知道,哪些缓存文件是淫秽视频,来源是哪些人,才属于"明知他人"传播淫秽视频。后者才是刑法上应当被归责的"明知"。

除非,奇播用户上传、下载和播放的视频,几乎全都是淫秽视频,此时,"有人"就是全部的人,不存在甄别的问题,所有的用户都是"他人",

奇播就是一个彻头彻尾的专门性的网络色情平台。那就没什么好说的了。

除明知外,认定一个人有罪,还要看他主观上有没有违法性认识。简单地说,就是这个人不仅要认识到自己的行为事实,而且要认识到这种行为的违法性。

在庭审中,张三多次表示奇播不具有防止淫秽视频扩散的义务。现在假设,法院论证后认定,奇播公司在刑法上应当承担防止淫秽视频传播的义务。那么,张三等人主观上对于作为义务的认识错误,就是一个典型的违法性认识错误。这会影响对奇播公司和张三的归责吗?

在一个修正案层出不穷的法定犯时代,违法性认识错误的问题,异常复杂。面对大幅高频的修法,普通人知法推定的神话已经瓦解,"不知法者不免责"的传统观念,无法回应责任主义的质疑。但是,刑法日益繁重的治理任务,又不允许追求"不知法者不为罪"的理想图景。

为此,就要进一步考察一个错误的可避免性。对那些本可避免的错误,就不值得原谅,相反,难以避免的错误,应当减轻行为人的责任。在法理上,这是为了兼顾责任主义与刑事治理的双重要求而设计的一个平衡方案。[①]

接下来的问题是,如何判断错误是否可以避免?

首先,是作为犯还是不作为犯,可避免性的判断尺度有所区别。一般来说,与作为犯相比,不作为犯中的违法性认识错误更容易发生。这

---

① 参见车浩:《阶层犯罪论的构造》,法律出版社 2017 年版,第 293 页。

是因为，作为犯常常是在一个特定方向上表现出真实的能量来源和消耗，以通常更容易辨认的方式实现构成要件并导致损害结果发生，因而也更清楚地展示了行为在法律上的不可允许性。

相反，在不作为犯的场合，就远没有那么容易发现了。特别是，像保证人地位和作为义务的问题，在学理上一直存在巨大争议，迄今尚未厘定清楚的范围和轮廓，对于没有受过法学训练的普通人，就更加难以对其缺认识进行谴责了。

在其他条件相同的情况下，一个应当作为而未作为的命令错误，比一个不应作为而作为的禁令错误，更值得原谅一些。因此，原则上讲，在不作为犯的场合，认定违法性认识错误不可避免的尺度，较之于作为犯的场合，要相对宽松。

这其实很好理解。例如，同样是杀人罪，不救助溺水儿童的不作为方式，与采取直接掐死儿童的作为方式相比，前者主张自己没认识到这是犯罪，显然要比后者这么辩解，更容易被接受一些。

其次，还有一点，对于判断错误可否避免而言，至关重要。那就是，行为人是否已经尽了认识法律去避免错误的努力？

怎么努力？诉诸自我反思？主要还是看有没有来自外部的信赖或咨询。因信赖司法机关或者其他有权机关的意见，而陷入了违法性认识错误，应当视作难以避免。

奇播案中的一个重要事实是，奇播在防范网络不良信息方面的工作，包括方案和效果，得到了J城公安局网络安全监察分局的认可。不仅受到过J城网监的表扬，J城网监还给奇播公司颁发了一份特殊贡献奖。

如果这个情况属实,那就说明在J城网监看来,奇播在防范淫秽信息方面的努力程度已经足够了,该尽到的义务也基本尽到了。这就是对奇播的合法性给出了一个肯定的回答。

在法秩序上,公民对国家机关的权威意见的信赖,应当得到保障。基于对J城网监的权威意见的信赖,奇播算是尽了认识法律回避错误的努力,此时,奇播陷入的,就是一个难以避免的违法性认识错误。

这样的错误,如果放在国外,如德国,是在刑法典中明确规定的免责事由。但是现行刑法并没有这样的规定,以往实践中也总是担心"给罪犯逃脱法律制裁的借口",因而对法律错误往往置若罔闻。

不过,考虑到法律不强人所难的责任主义要求,即使对奇播不予免责,仍然定罪,至少也应当最大限度地轻判。否则,这边网监给个甜枣,那边法院再给个巴掌,岂不是陷公权力于自相矛盾的不仁不义?如果公信力可以这么任性,那么就算判决生效,法律也失去了权威。这种结果,谁都不愿意看到。

修法前后的两罪关系

奇播案审理当时,控辩双方的法律争点是第363条,即"传播淫秽物品牟利罪"。但是,在奇播案之后,法律又有了一些新的变化。

《刑法修正案(九)》增设了第286条之一"拒不履行信息网络安全管理义务罪",其内容如下:

网络服务提供者不履行法律、行政法规规定的信息网络安全管理义务，经监管部门责令采取改正措施而拒不改正，有下列情形之一的，处3年以下有期徒刑、拘役或者管制，并处或者单处罚金：（1）致使违法信息大量传播的；（2）致使用户信息泄露，造成严重后果的；（3）致使刑事案件证据灭失，情节严重的；（4）有其他严重情节的。

如果把奇播案适用于第286条之一，之前所说的各种困扰，简直迎刃而解。

第一，奇播的行为是否属于第363条意义上的"传播"，特别对于是否违反了刑法上的作为义务，争议很大。但是，认定奇播违反了"法律、行政法规规定的信息网络安全管理义务"，这一点很容易达成共识。

第二，"经监管部门责令采取改正措施而拒不改正"，从这个规定本身可以解释出网络服务提供者具有改正能力的含义。不可能苛求一个不具备改正能力的人，去采取改正措施。由此就必然要求有一个可以改正的技术能力的客观标准，这个标准适用于一般的网络服务提供者。由此就回避或者至少缓解了在个案中进行利益权衡的麻烦。

第三，"经监管部门责令采取改正措施而拒不改正"，是先礼后兵。网络服务提供者经由行政机关的责令，认识到行为性质而仍不改正，才会遭受刑罚。此时，不会再有是否明知和违法性认识的争议。

第四，"致使违法信息大量传播"。淫秽视频当然属于违法信息，没有奇播提供一个技术平台，淫秽视频就无法在上面传播，就此而言，奇播至少具备"致使传播"的事实因果力之一，因而可以被涵摄到这个罪的因果关系和结果的要素之中。

这样看来，与第363条传播淫秽物品罪相比，将奇播的行为解释进修法之后的第286条之一的规定，显然更加合身。这里就引出一个颇有意思的问题，如何解释第363条与第286条之一的关系？

个人的看法是，类似奇播这种并非直接主动发布信息的行为，如果司法者一定要归入第363条，也不可能处于法条的核心区域，最多只能算是处在比较模糊的边缘范围之内，通过解释工作勉强涵摄。但是修法之后，第363条中那个比较模糊的边缘区，就被划入新增加的第286条之一的规定中明确下来。相关行为就不应当再按照第363条论处，而是归由第286条之一管辖。

简言之，第286条之一的出台，修改了第363条的定罪范围，从第363条的辖区里接管了一部分行为。

按照这个解释，再结合"从旧兼从轻"原则，旧法认为是犯罪，但是新法处刑较轻的，适用新法。于是，适用旧法第363条，奇播案可能是在"十年以上"量刑。而适用新法第286条之一，刑罚区间就是"三年以下有期徒刑、拘役或者管制，并处或者单处罚金"。显然，后者较轻。

因此，适用《刑法》第286条之一"拒不履行信息网络安全管理义务罪"，来认定奇播公司的行为，判处"三年以下有期徒刑、拘役或者管制，并处或者单处罚金"，可能是一个各方都能接受的最佳选择。

这不仅仅是一个后果主义的、在个案中权衡各方诉求和接受程度的妥协性方案。更重要的是，它具有长期性的、一般性的教义学规则的效果。它把第363条"传播淫秽物品牟利罪"的模糊不清的定罪范围从各种争议中解放出来，给该罪划定一个明确的行为类型，仅适用于那些主动、直接散布和发放淫秽物品的行为。

由此，就使得第286条之一与第363条分工明晰，各有管辖，形成了明确而不留漏洞的刑事法网，维护了法律解释和适用的体系性、稳定性和可预期性，体现了修法的意义。

打个比方，菜刀本来是用来切菜的，但在没有水果刀的情况下，也可以勉强用菜刀来削个苹果。如今有了水果刀，这事儿自然就归水果刀干了。菜刀削苹果的功能，当然也就随之消失了。

帮信罪的立法与共犯的正犯化

奇播案涉及多个法律适用问题。除传播淫秽物品罪与拒不履行信息网络安全管理义务罪之外，还有一个相关罪名值得讨论。

关于上文提到的中立帮助行为的可罚性问题，立法者通过修法给出了一个激进的回答。《刑法修正案(九)》增设了第287条之二：明知他人利用信息网络实施犯罪，为其犯罪提供互联网接入、服务器托管、网络存储、通信传输等技术支持，或者提供广告推广、支付结算等帮助，情节严重的，处3年以下有期徒刑或者拘役，并处或者单处罚金。

新罪名叫作"帮助信息网络犯罪活动罪"，简称帮信罪。这个规定，是把明知他人利用信息网络实施犯罪而为其提供技术支持的，直接规定为犯罪。就奇播案而言，如果司法者越过我在前面所说"明知有人犯罪不等于是明知他人犯罪"的门槛，那么完全可以按此罪名定罪处罚。

帮信罪出台之前，我就对这个立法草案持批评意见，主要是担心它跑得太快，将是否构成共犯还存在理论争议的中立帮助行为，一下子提升为正犯处罚了，这将可能导致惩罚范围缺乏限制地剧烈扩张。数年过去,不出所料,帮信罪已经快成为一个吞吐万物的口袋罪。

一些数据充分显示了这一点:根据最高人民检察院发布的全国检察机关主要办案数据,仅在2021年的前三个季度里,全国检察机关起诉帮助信息网络犯罪活动罪,同比增长21.3倍,起诉人数达79,307人,位列全部罪名第四,仅少于危险驾驶罪、盗窃罪、诈骗罪。对比全国法院过去5年关于帮信罪的一审裁判文书数量,更能感受到这种几何式的增长。2019年到2020年,这一数字增长了惊人的29.3倍;而截至2021年11月,这一数字又增长了将近2倍。

制造出如此之多的犯罪人的同时,又没有明显遏制住犯罪增长的趋势,这样的立法,究竟是成功还是失败?尽管“法律不是嘲笑的对象”,但是学者还是负有反思立法的使命。即使在法律出台之后,仍然不能放弃对立法妥当性的深入思考。

我始终坚持认为,立法者应该通盘考虑中立行为的可罚性与社会存续进步之间的关系。特别是在互联网领域中,要充分理解和认识到相关立法的后果和深远影响。生活在一个全球化时代,互联网已经成为公认的最充满想象力和创造性的新的产业。中国这些年在经济、文化、社会等各个方面所涌现出来的想象力和创造力,在整个全球竞争中展现出来的活力和影响力,相当大一部分来自互联网。

在今天这样一个信息网络的时代,类似的立法会不会给网络服务商赋予过重的、实际上也难以承担的审核和甄别的责任?会不会在网络服务商与用户之间滋生出一种相互监督甚至敌视的关系?要求企业履行网络警察的义务,这样一个社会分工的错位,最终很可能会阻碍甚至窒息整个互联网行业的发展。

国家要进步，特别是要创新，要摆脱对他国的技术依赖、思想依赖、文化依赖，就必须要给创新者提供一个最少束缚的、能让其迸发出最大创造力的平台。打开窗户，总会飞进来苍蝇，但人们还是要打开窗户；吃饭有时候会噎住，但人们不会因噎废食。凡事都有代价，不能因为付出一些代价，就看不到这个代价可能换来的巨大收益。

希望立法者、司法者、执政者，在出台或制定每一项政策和制度时，在处理每一起案件时，都能够在一个更加长远的视野之内，认真地考虑这些利弊权衡的问题。

淫秽物品、禁欲与创造力

刑法上的事情说完了。最后再扯几句远一点的话。

淫秽物品到底有什么危害，以至于法律上要禁止传播？

早期由英国法官提出的“希克林标准”（Hicklin Test）认为：一件物品是否“淫秽”，要看它是否会诱使一个意志薄弱的心灵堕落或腐化。[①] 这种标准后来不断被修正。包括霍姆斯、汉德这样的大法官，都曾经致力于为淫秽表达与美国宪法第一修正案的言论自由之间，画一道线。由此说明，为什么淫秽作品不受到保护。这种努力，一方面是尝试厘清淫秽作品与一般的色情作品的区别，后者受到第一修正案的保护。另一方面，也是想说明，为什么前者不受到保护。

---

① Queen v. Hicklin, L. R. 3 Q. B. 360, 371 (1868).

经过罗斯案、米勒案等一系列案件的总结，形成了一些虽然模糊但还算是共识的看法：如果一件作品的主导性意旨，在于"激起人们的性欲望"，这就进入了淫秽作品之列。它之所以不受保护，是因为"完全不具备任何补偿性社会价值"。①

困惑人的问题来了。如果说淫秽作品的坏处，是导致性欲望的激发，那么，性欲望的激发，到底有没有男欢女爱、种族繁衍之外的社会价值？

性欲可以转化为创造力，这种说法来自弗洛伊德。"在人的潜意识里，人的性欲一直是处于压抑的状况，社会的道德法制等文明的规则，使人的本能欲望时刻处于理性的控制之中。"

人的内在欲望无法尽情释放，于是转化为创造作品。人人都有原始性欲，为什么创造力却有差异？按照弗洛伊德的理论，原因在于有创造力的人悦纳他们的欲望，而其他人则尽力抑制他们。

在一份纵欲而又有大成就的名单里，可以找到很多放荡生活而又四海闻名的人。拜伦死后，《泰晤士报》称为"他那一代最非凡的英国人"，据说是语义双关，指拜伦能和任何能动的东西发生性关系。

此外，"她们的"歌德留下的不仅是《浮士德》，雨果留下的不仅是《巴黎圣母院》、海明威留下的也不仅是《老人与海》，还有阅女无数、老骥伏枥的个人情史。至于各种声名赫赫的画家和摇滚歌手的故事，就更不胜枚举了。

---

① Memoirs v. Massachusetts, 383 U. S. 413, 418 (1965).

别以为只有文学艺术这种感性行业，性和创造力才有如此密集的关系。去了解一下伟大的爱因斯坦、罗素和萨特的私生活，去了解一下凯恩斯在自己日记中记录下的性爱次数，会让人别开生面大吃一惊。

面对这些性欲和创造力均比一般人昂扬的大人物们，很容易让人遐想，要是他们都活在了有奇播的时代，那性欲和创造力被高度激发的，还不得飞上天去？照这么说，有计划、有效地激发人们的性欲望，让其中的大人物们充分创造，岂不是有助于我们建设一个创新型国家？

不过，上述观点未必靠谱。

即使承认性欲和创造力的关系很密切，但一直都有相反的见解认为，只有禁欲，才有利于发挥创造力。禁欲让男性身体的雄性激素达到较高水平，而雄激素能够激发男性的创造力。淫乱的种群不聪明，聪明的种群不淫乱，因为生殖系统和神经系统存在竞争关系。据说这是有现代科学研究证明的。

还有例证。在大人物名单中，有人放纵，也有人主张或实践禁欲。像甘地、苏格拉底、柏拉图、康德……这都是绝少绯闻、基本禁欲而取得了伟大成就的人物。

禁欲在中国历史中有悠久的文化和实践传统。古老的医学和哲学一直都在教导，只有适度禁欲，才能养精蓄锐、生精健体、回精补脑。按照纯阳吕洞宾的教诲，“二八佳人体似酥，腰间仗剑斩愚夫。虽然不见人头落，暗里教君骨髓枯”。

除创造力外，还有人觉得，禁欲与治理有关。奥威尔在《1984》里说：

“因为性本能创造了它自己的天地，非党所能控制，因此必须尽可能加以摧毁。尤其重要的是,性生活的剥夺能够造成歇斯底里,而这是一件很好的事,因为以把它转化为战争狂热和领袖崇拜……

“性行为的时候,你就用去了你的精力;事后你感到愉快,天塌下来也不顾。他们不能让你感到这样。他们要你永远充满精力。什么游行,欢呼,挥舞旗帜,都只不过是变了质、发了酸的性欲。要是你内心感到快活,那么你有什么必要为老大哥、三年计划、两分钟仇恨等等他们这一套名堂感到兴奋?”①

这听起来似乎也挺有道理。整天想着“奴为出来难,教君恣意怜”,净整些靡靡之音,能不亡国吗?“山外青山楼外楼,西湖歌舞几时休”,能不被羞辱吗?整天看黄片、打麻将、抽大烟,还怎么“聚精会神搞建设,一心一意谋发展”?

还是回到奇播案。有的人,片子看多了,性欲望唤起来了,就特想找人交流,于是导向更多的一夜情或强奸犯。也有的人,就算片子看多了,也就是自己在家过过眼瘾,这种一般叫“宅男”。如果奇播用户多是后者,那这种传播的社会危害性,到底有多大?

这些问题,值得一直思考下去。

最后一点小结。互联网时代,共享精神比什么都重要。我们每个人都曾从他人的分享中受益。就算奇播死掉,但是共享精神不会死。我相信,人们乐于分享的,绝不仅仅是淫秽视频。应当被解禁的,也不仅仅是欲望和版权,还有信息和思想。分享的通道越顺畅,边界就越有被打破

---

① [英]乔治·奥威尔:《1984》,刘绍铭译,北京十月文艺出版社2010年版,第120页。

的可能。人类社会就是这么走过来的，也还将这样走下去。

我尽量把文章写得通俗，也尽可能地保留了那些法律思考的线索，是为了让更多的非法律人士了解，法律工作不是那么简单的事情。在每一起案件的庭审中，或许法官、检察官、律师在法庭上的表现，没有公众想象中那么逻辑缠绕、雄论滔滔，但是那些平实的表达背后，都是经过了很多弯弯绕绕的思考。

在无数的思想小径中，他们基于各自的职业立场，秉持着在立场制约下对法律和正义的理解，舍弃了很多在自己看来不适宜的道路，选择了另外的某一条。这就是法律人的工作。我在文章中希望尽可能地展示，奇播案中那个丰富妖娆的、章鱼一般向外伸出无数触手的法律世界。学者的自由，本来就是对何为正确，不那么确定的精神。而那些最终必须要在个案中痛苦地确定何为正确的工作，还是留给独立审判的法官吧。

⑧ 常年上访，离寻衅滋事罪有多远？

导读

张三因为奇播案入狱，始终对判决不服。转眼间几十年过去，张三已至八十岁的耄耋之年，决意要在死前为自己讨个清白。在一年多的时间里，张三上访十多次，且在信访场所抛撒上访材料。法院据此认定张三构成寻衅滋事罪，判处其有期徒刑两年半。张三因年事已高，入狱后腰椎骨折，生活不能自理，亲属为其申请保外就医遭拒。

此事一经媒体公开，舆论哗然。表面上看，人们关注的是对八旬老人不判缓刑、不予保外就医的法律人性化问题。但更深层面的舆论痛点，实为以寻衅滋事罪打击上访行为、用刑罚实现维稳的性质。

自流氓罪脱胎而来的寻衅滋事罪，表现的是对社会管理秩序的公然蔑视。借题发挥的缠访、滥访行为可能扰乱了社会秩序，但是不是所有上访者，都符合公众心目中寻衅滋事罪所打击的“流氓”形象呢？为了回避一时的上访压力，而动辄以寻衅滋事罪打击访民，是否遮蔽了信访治理的复杂性？

围绕着寻衅滋事罪的一系列问题，同时也在拷问着中国社会法治建设的程度和进度。

一位因上访被判寻衅滋事罪的八旬老人，申请保外就医被拒。于是，近年来通过寻衅滋事罪处理信访的做法，再次浮出水面被舆论关注。这一事件也戳中了刑法适用长久以来的痛点之一，那就是寻衅滋事罪的适用，到底有没有边界？

宽容对待表达形式

我们今天已经生活在移动互联网时代。个案申诉内容的发表，究竟是在大街上发材料，还是在微博或者微信上发朋友圈，在传播效果和影响上，其实已无实质差异。

如果今天，一个人在微博或微信上发了个申诉状，因为内容不涉及反动、色情或造谣而未被删除，能够得到现行法秩序允许，那么，他在信访场所甚至各种公共场所散发同样内容的材料，也应当得到容忍。即使多几个人围观，这种内容和方式的个案上访，形成维稳者担忧的那种秩序冲击和政治动员，可能性极低，实不需要如临大敌，更无必要动用刑罚。

此外，《刑法》第 293 条第 4 项规定，“在公共场所起哄闹事，造成公共场所秩序严重混乱的”，构成寻衅滋事罪。对公共场所秩序和起哄闹事的理解，必须严格限制，不能滥用。

“公共场所”不是一个建筑的、空间的概念，而是一个文化的、规范的概念。它不是一个由水泥砖瓦组成的静态空间，而是由一群人的社会生活交织而出的动态的秩序。每一个公共场所，都有它特定的、具体的秩序类型。例如，在公园里，一群人跳广场舞唱歌，没毛病，但在美术馆跳,那可能就近乎起哄闹事了。

所以,问题的关键,在于涉案的特定行为,是否合乎相关场所中特定类型的公共秩序。表达信访意见的最正当场所,当然是法律规定的接待上访者的机构。除此之外呢?在其他场所申诉,是否就都无法为公共秩序所包容?

我觉得,这里就要结合具体个案进行分析了,无法给出一个一般性的回答。但至少在我看来,公共场所的秩序功能,是由民众的具体需求所决定的。如果说,一个场所允许人们在那里聚集,就某些事件表达支持、拥护的言论而不被认定为"起哄闹事",那它就具有了容纳公民表达意见、开展政治生活的功能,而政治生活必然是多样态的,这种场所也应当允许人们表达不赞成、委屈和申诉。

至少,当表达内容本身并没有涉及反动色情,处在法治和政策允许范围之内时,表达形式就不必做严格限制。这才是一个健康完整的公共生活,也是对刑法保障的公共秩序的正确理解。

修法不是一劳永逸的药方

对于因个案而主张废除寻衅滋事罪的声音,我并不赞成。

寻衅滋事罪有特定的规制对象和范围,只要民众不受那些无事生非、随意挑衅的流氓行为侵扰的利益值得保护,寻衅滋事罪就有存在的必要性与合理性。

如上所说,如果严格解释和适用寻衅滋事罪,一些上访行为本可以排除在外。法治的安定性是一个基本价值,如法律的解释空间仍能榨取，就不应轻言修法。从建言成事的成本和概率来看，若澄清法律的适用都暗卡重重，清除修法的障碍更是谈何容易。因此，如果不能正确司法，需要反思的是深层阻力何在，而不是简单地主张修法。

显然，真正的问题，不在于刑法规定了寻衅滋事罪，或者寻衅滋事罪的语义模糊是口袋罪，而是因为，决策者想要动用刑罚惩治上访行为，所以才有这个罪的滥用。今天，就算真的因规定不明确而废除寻衅滋事罪，将来还可以再出台一个语义明确的专门打击缠访的罪名，那时又能奈何？

我曾经把那种出现一个社会现象，就主张立（或废）一个法条的观点，称为“现象立（废）法”。[①] 它断章取义地回避了社会治理的复杂性，不去正视驱动司法的深层逻辑，而是习惯于把法律文本的不完善，简单地想象成问题的症结，以为修法就是一劳永逸的药方。理想主义者的善良和天真令人感动，但也是省劲而无用的。

以信访治理为例，如果不能从根本观念上变化，废了此法，亦有彼法。

信访制度的利弊得失，就不在这里讨论了。但至少有一点不能否认，很多进京上访行为，内含了基层民众对中央政权的合法性和权威性的承认和想象，甚至可能成为对政府信心的最后一根稻草。对此，必须慎用刑罚手段。

即使客观上出现信访权利被滥用的场合，也应当结合个案具体分

---

① 参见车浩：《刑法教义的本土形塑》，法律出版社2017年版，第247页。

析、区别对待,特别是审慎认定缠访、滥访人的主观动机。其中的支配性因素,究竟是为了寻求救济和权威信赖,还是借题发挥甚至无事生非。(这也是寻衅滋事罪之所以强调主观上的流氓动机的必要性)

如果一律反向打击,特别是简单粗暴地动用刑罚,会摧毁上访者的权威信赖,甚至将其彻底推向政权的对立面。

水能载舟亦能覆舟。治水之道在于疏通而非封堵。通过定罪解决信访问题,是用刑法强行封堵疏通管道。较轻的后果,是不可能终结信访,反而增加信访动因,形成恶性循环。严重的后果,是逼涨不满情绪,积蓄决堤风险,以短期维稳的方式,埋下长期紊乱的种子。

无论哪一种后果,与用刑罚回避一时的上访压力相比,都是得不偿失的。这种只求回避眼前责任、危机不断后推的懒政表现,不是为国分忧,而是为国增压。

一定会有人说,你不知道那些缠访滥访的人有多麻烦,有多影响稳定。可是,这世界上任何人为制造的麻烦,把人抓起来关几年,都是最快捷有效的手段。随地吐痰、酗酒抽烟、闯红灯……都可以这么治理。问题是,不顺眼的人都进了监狱,海晏河清的太平盛世里,还能剩下几个顺眼的人呢?

寻衅滋事罪是用来打流氓的

众所周知,寻衅滋事罪是从流氓罪分解而来。在众多子嗣中,寻衅滋事罪具有最纯正的流氓血统。聚众斗殴的,未必都是流氓;但是能被称作流氓的,往往都会寻衅滋事。随意殴打、追逐辱骂、强拿硬要、起哄闹事,《刑法》第293条的规定,就是大众心目当中的“流氓”形象的一幅速写。

很多人总拿流氓罪是口袋罪说事儿,可是,在我看来,流氓罪这一母罪,恰恰是指导寻衅滋事罪正确适用的关键。

因为,基于这种修法背景,在对寻衅滋事罪展开解释时,司法者脑海中应当先有一个为构成要件所包含的典型的“流氓”形象。只有实施了构成要件行为的行为人符合该典型形象,才能将其归入该构成要件。

这种类型化解释的关键,在于看具体的行为能否符合解释者心中的那种典型的行为人的行为方式;不相符合的,就可以排除出去。面对类似于寻衅滋事罪这样被认为语义模糊的犯罪,可以采用这种特殊的限缩解释的方法。

总之,司法者在认定寻衅滋事罪时,不要忘记,这个罪是专门打流氓的,所以不妨反复琢磨一下,行为人所作所为,是否符合一般民众心目中的“流氓”形象?

像这起被关注的案件,那个因为申诉无果而多次上访的八旬老人,他的行为,就算制造了影响,也让执法者不厌其烦甚至厌恶,但,他能不能被社会公众评价为一个“流氓”?

目光反复往返于规范与事实之间,才能正确适用法律。我想,司法者肯扪心自问的话,心里还是有数的。

此外,与这样一个以“打流氓”为旨归的犯罪打交道,有时候不小心的话,也很容易沾染上流氓的气息。

因为,流氓行为,本身不是像杀人放火强奸那么猛烈和典型,而是一些无事生非、随意找碴、任意挑衅的举止。它不像杀人放火那样触及人的良知底线,倒是很容易激发执法者烦躁、厌恶和被冒犯的心理情绪。

有个东北话的段子流传很广。说的是熊大和熊二在饭馆杠上了。

熊大:你瞅啥?

熊二:瞅你咋地?

结局是,熊二被熊大暴打一顿。

熊二像不像流氓?他乱瞅人家,可能让人不舒服,这毛病是不太好,而且还很不服气,有对抗情绪,但要说这就是流氓,好像还差点劲儿。

熊大呢?一开始是被瞅者,总被人盯着是很烦躁,但他如此地不容冒犯,动辄抱以老拳,树立了"不得随便瞅我"的规矩,维护了人人低头吃饭、默然听话的秩序,这种做派,似乎更具有流氓气质。

那些事出有因的缠访者,就像那些随便乱瞅的人,可能是会让人感到不愉快,给朗朗晴空带来一些麻烦,但是,用寻衅滋事罪的名义说他们是"流氓",恐怕执法者自己心里也未必能够真正接受。

所以,需要时刻警惕的是,没有必要因为那些明显不是流氓的人所制造的一些轻微的治安侵扰,就感到法秩序受到了严重冒犯,以至于祭出刑罚。毕竟,动辄就觉得别人在挑衅他,然后就把人家暴打一顿,这本身就有点近乎耍流氓了。

回顾修法史,正视上访者,每一个法律人都应当记住:

寻衅滋事罪,是用来打流氓的,而不是用来耍流氓的。

三

刑罚双刃剑，能否用之得当

⑨ 人贩子一律死刑，有利于保护儿童吗？

导读

J城破获了一起拐卖儿童案，警方找回了被拐走15年的李四。李四5岁时在楼下玩耍时，被人贩子以哄骗方式拐走并卖到异地。受限于侦查手段和技术条件，案件多年来一直未取得突破。

案件侦破后，J城居民欢欣鼓舞，但当得知这个案子的情节在刑法上最多只能判10年，又感到不解和愤怒。要求严惩人贩子、"拐卖儿童一律死刑"的舆论浪潮，在J城的各种社交媒体上扩散。

打击拐卖儿童的行为，是所有人的共识。但是否要一律死刑，仍然需要冷静的思考。刑法规定拐卖妇女儿童罪，保护的目的是什么？是保护儿童不作为商品被贩卖的利益，还是抚慰被拐儿童家长的精神损害？对"人贩子一律死刑"，是否真的能有效实现预想的保护目的？在"人贩子一律死刑"的喧哗争议中，正反双方能够分享哪些共识？

归根结底，这不是一个是否要加大对儿童保护的问题，——在这一点上双方没有冲突——而是什么形式的保护才最有效的问题。

“人贩子一律死刑”的说法，每隔一段时间就会与相关案件一起，成为舆论的焦点。当然，也出现了一些认为这种说法缺乏法律思维的声音。这是一个看起来很简单的问题，难在任何一方都不易保持逻辑的一致性。支撑己方观点的逻辑，往往也支持对方。否定对方，就很容易也否定自己。整体上看，这不是一个是否要加大对儿童保护的问题，而是什么形式的保护才最有效的问题。

拐卖儿童罪的立法初心

任何法律规定都有一个保护目的。

这个目的既是立法的原因，也是指导司法实践的准则。刑法规定拐卖妇女儿童罪，到底是要保护什么？是保护儿童不作为商品被贩卖的利益，还是抚慰被拐儿童家长的精神损害？如果是后者，那么，那些孤儿、流浪儿童或者因为重男轻女或生活困顿而被父母主动出卖的儿童——这部分案件在中国数量很大——就失去了刑法的保护。这显然是不对的。所以，这个罪的保护对象不是父母，而是儿童。

为人父母者对人贩子的愤怒，是绝对可以理解的，但是既然这个法律不是为了保护父母，而是为了保护儿童，那么，对“人贩子应否一律处以死刑”这个问题的讨论，就不能围绕如何能够最大限度地平息和发泄为人父母者的愤怒来展开，不能围绕如何满足一般人的正义感来展开，而是还要回到如何最好、最有效地保护儿童自身的利益上面来。

所以，通过“幼吾幼以及人之幼”、换位移情、同情同理等方式愤怒起来的家长们，还是先要冷静下来，理性地思考，法律到底怎样规定，才能最好地保护我们的孩子,而不是最直白地表达我们的愤怒?

防患未然的死刑威慑

关于死刑的效果,没有那么简单。

这个问题,可以拆解成两个具体的层次。第一个层次,是法律如何规定,才能有效地防患于未然?或者说,在案发之前,就对人贩子形成有效的威慑,将拐卖案件数降至最低?

实际上,对拐卖儿童的特别严重的情形,刑法已经规定了死刑。只不过有人认为这还不够,认为应该不论情节,“对人贩子一律处以死刑”,这也的确是一种解决方案。这种方案是以死刑的巨大威慑力为前提假设的。对此可能存在的疑问是,死刑到底会带来多大的威慑效果的提升?

从经验上看,一些公众较熟悉的犯罪,如杀人、强奸、贪污、受贿、贩毒等,虽然规定了死刑,但是杀人犯、贪官、毒贩的数量仍然层出不穷。只有在严打期间、毒品专项治理运动期间,以及反腐反贪风暴期间,这些犯罪的数量才有明显下降。而这个下降,也不是由于立法提升了刑罚的严厉度所形成的威慑,而是由于司法实践中的侦查侦破力度加大,破案率提高所形成的“躲避风头”的威慑。

因此,只要死刑的强威慑效果还未能得到经验上的充分证明,那种试图通过“人贩子一律死刑”的修法,整体性提升刑罚严厉度,来威慑住潜在的人贩子使其放弃犯罪的想法,就有相当大的不确定性。对这个方案的可能效果,还不能轻易地点赞,当然,作为一个思想实验,也不能简单地否定。

问题的关键在于，主张“人贩子一律死刑”的观点背后的基本逻辑是，人贩子是一类对刑罚轻重有较高敏感度的理性人。只有这样，刑罚轻重才会对他形成刺激和激励，并影响他的行为选择。不过，恰恰是这一点，在我下面说的保护儿童的第二个层面的问题上，“人贩子一律死刑”反而可能会导致对儿童不利的后果。

犯罪之后的死刑谈判

人贩子一律死刑，真的对孩子好吗？

如何最好、最有效地保护儿童，还有第二个层次的问题。那就是，如果孩子已经落在了人贩子手中，那么法律如何规定，才能在人贩子接下来的行动选择中发挥出影响，最大限度地保护孩子？

按照《刑法》第240条的规定，同样是拐卖一个儿童，使用暴力、胁迫或者麻醉方法绑架孩子的，最高会被判处死刑；而使用相对平和、非暴力或弱伤害性的方式哄骗孩子的，一般最高判到10年。如果这个人贩子是一个对刑罚轻重有敏感度的理性人，那么，这种刑罚差异性的规定，就会对人贩子在拐卖手段的行为选择上形成激励，从而让孩子在最坏的情况下，能相对地少受一些伤害。

再如，按照第240条规定，造成被拐卖儿童重伤、死亡或者其他严重后果的，最高可判处死刑；没有造成伤亡后果的，可以在10年以下量刑。那么，在人贩子因为被追捕或者其他原因，无法将孩子脱手出卖的场合，孩子处在了一个不能为人贩子牟利反而成为其累赘甚至罪证的最危险境地，此时，这种刑罚差异性的规定，就会对人贩子的行为选择形成一个激励，使其从一旦落网的最坏后果处着想，从而最大限度地遏制他不采取伤害孩子的极端行为。

上述这些差异性的刑罚规定，都是在向人贩子发出谈判信号：

如果你还把被拐卖的孩子当作一个人来对待，那么刑法也不会对你赶尽杀绝；如果你把被拐卖的孩子彻底当成一个任意处置的物品，毫无怜悯之心地践踏，那么刑法就用死刑来回报你。

我相信，只要这个人贩子是一个尚存理智的人——如果彻底丧心病狂了，那什么刑罚对他也没用了——他就会根据这种惩罚力度的"差别定价"，更可能选择一旦落网后惩罚最轻的行为方式，而那个行为方式，对于已经被拐卖的孩子而言，也是在最坏条件下的遭受伤害程度最低的方式。

相反，如果没有这种刑罚后果的差异性，而是只要拐卖就一律死刑，那么对已经实施拐卖行为的人贩子而言，既然怎么着都是死，索性"破罐子破摔"，暴力绑架、弄成聋哑、减轻累赘甚至毁尸灭迹等，完全把被拐儿童当作一个物品对待，反而更有利于逃避抓捕，这可能就成了对他最有利的行为选择，而这就相当于把已经陷入困境的孩子，又彻底地送上了一条绝路。

刑罚价目表的多重激励

我也相信，每个关注拐卖儿童问题的公民和父母，只要他是一个存有理智的人，是一个把如何最有效保护孩子看作首要问题的人——而不是把如何发泄自己的怒火并满足正义感摆在首位，那么，他在经过冷静思考之后，恐怕就不会那么轻易地为“人贩子一律死刑”的说法点赞，而是会想得更多。

的确，刑罚会对潜在的犯罪人形成一种威慑，这本来也是刑法的一般预防的功能，但是只要你承认了这一点，你就必须进一步考虑，面对这样一个能够根据法律激励来选择自己行为的理性犯罪人，如何制定更严密、合理、有差异性和区别度的“刑罚价目表”，才能在与他的议价过程中，争取到有利于保护对象的最大利益。

在“天下无拐”仍然是一个美好愿望的情况下，让已经陷入困境的被拐孩子尽可能受最少伤害，其意义与减少拐卖案件数量一样重要。至少，比起平息我们的愤怒和痛苦，可能是更为重要的事情。

总之，站在保护儿童的立场上，“人贩子一律死刑”的观点背后的逻辑，是人贩子属于对刑罚轻重较为敏感的、可加以威慑的理性犯罪人。而这个逻辑，既适用于决定犯罪之前的潜在犯罪人，也适用于实施犯罪之后的现实犯罪人。因此，这里需要一个权衡，在一律死刑威吓住一部分潜在人贩子放弃犯罪计划，与刑罚差异化威吓住一部分已犯罪的人贩子放弃加重行为之间，做出最有利于儿童利益的权衡选择。

“人贩子一律死刑”的主张，选择的是前者，而现行立法的选择是后者。其实对立双方分享着一个共同的价值基础。归根结底，这不是一个是否要加大对儿童保护的问题——在这一点上双方没有冲突——而是什么形式的保护才最有效的问题。

⑩ 网络诽谤他人出轨，能否提起公诉？

导读

被解救回J城的李四整日无所事事，泡在网上。某日在小区门口看到一位素不相识的女性（周某）取快递，就用手机偷拍了一段视频，编排了周某“赴约途中”的故事，并捏造了周某出轨快递员的微信聊天记录，一并发到网上。视频以及聊天记录被传播扩散，周某患上抑郁症，并在网上遭遇“社会性死亡”。

J城检察院推动“自诉转公诉”，对李四提起公诉，最终法院以诽谤罪判决李四有期徒刑一年，缓刑二年。

根据《刑法》规定，诽谤罪一般属于“告诉的才处理”的自诉犯罪，此案能否从自诉转为公诉呢？有人为之欢呼，认为这一做法意义重大，体现了对公民人格权的坚决保护。也有人认为，本案不属于“严重危害社会秩序和国家利益”的情形，转为公诉在法律适用上存有疑问。

由此，引出一个超越个案的普遍性思考：对于诽谤罪、侮辱罪这一类侵犯公民名誉法益的犯罪，为什么原则上是个人自诉？在类似李四诽谤案的场合，打破自诉原则的例外标准又是什么？

这些问题，值得生活在互联网时代的每一个珍惜自己名誉的公民去追问和关切。

《刑法》第 246 条规定，捏造事实诽谤他人、情节严重的行为，构成诽谤罪，“告诉的才处理，但是严重危害社会秩序和国家利益的除外”。在周某取快递被诽谤出轨案中，从李四的行为性质和情节来看，构成诽谤罪并无疑问，但能否从自诉转为公诉，存在不同的认识。

2013 年“两高”《关于办理利用信息网络实施诽谤等刑事案件适用法律若干问题的解释》第 3 条规定了“严重危害社会秩序和国家利益”的六种具体情形，包括：引发群体性事件的；引发公共秩序混乱的；引发民族、宗教冲突的；诽谤多人，造成恶劣社会影响的；损害国家形象，严重危害国家利益的；造成恶劣国际影响的；以及“其他严重危害社会秩序和国家利益的情形”。

从本案情况来看，显然不属于司法解释明示列举的前六种情形，那么，能否归入“其他严重危害社会秩序和国家利益的情形”之中？归入的理由和根据又是什么？

对此，需要从自诉原则和公诉例外两个方面展开理解。只有首先阐明为什么诽谤案原则上都是自诉案件，才能明白例外公诉的原因和标准。

表达自由与名誉权如何通约

与绝大多数犯罪由检察机关提起公诉不同，《刑法》第 246 条规定的诽谤罪，通常不是公诉，而是“告诉的才处理”，即由被害人提起刑事自诉。作为与公诉权对称的概念，自诉权是指依法享有起诉权的个人可以直接向法院提起诉讼的权利。这意味着，对于某些犯罪行为，被害人可以自我选择是否诉诸刑事程序。

有学者曾经提出，将民事诉讼法上的诉权理论引入刑事诉讼领域中，这就涉及在刑事诉讼中如何解释诉权的可处分性。如果说，在公诉案件的场合，起诉便宜主义体现了检察机关对诉权的处分，那么在自诉案件的场合，则表现为被害人可以根据自己的意思决定行使还是放弃诉权。

由此引申出的问题是，相对于绝大多数公诉罪名，为什么在诽谤罪的场合，是交予被害人自己处分诉权？

诽谤罪的保护法益是个人名誉，而侵害他人名誉的行为，通常是通过言论方式来完成的。究其本质，这里就涉及宪法上的表达自由与名誉权（人格权）这两项基本权利的冲突问题。

在权利冲突的情况下，应该如何比较高低，得出一种权利优先而另一种权利受限的结论？传统的宪法学理论认为，各个基本权利之间存在价值位阶，某些基本权利的价值位阶高，而另外一些基本权利的价值位阶则较低。当不同位阶的基本权利发生冲突时，应当优先保障价值位阶较高的基本权利。

在言论自由和人格权的价值位阶上面，德国基本法以人格尊严为中心，美国宪法第一修正案则以自由为中心。但是在中国宪法上，要在两者之间做选择实在困难。应然的回答是容易的，但是考察中国宪政结构的历史和治理实践，都不能得出这么简单的答案。

多年前，苏力教授在《〈秋菊打官司〉案、邱氏鼠药案和言论自由》这篇文章中,[①]用经济分析的方法提出权利冲突的命题之后,将言论自由配置在了比名誉权更为重要的地位上。但是,对权利配置的前提,是权利之间的可通约性。而苏力的文章留下了一个语焉不详的困难,那就是如何解释两种权利的可通约性问题。

按照经济分析的框架,权利通约是承上启下的关键,上接权利的冲突,下启权利的配置。如果权利之间不能通约,就不可能将它们视作一个整体,运用避免较为严重损害或者效益最大化的经济分析的思路来配置权利,那么,要解决权利冲突问题,就只能退回到传统理论主张的价值位阶排序的思路中去。

权利的可通约性论证之所以困难,是因为以往理论对于名誉权的理解,会追溯到宪法上的人格尊严。如此一来,名誉作为人的内在价值和必须受到尊重的抽象要求,是人作为目的本身的一部分。基于这样一种规范性的理解,名誉就成为一种不可让渡、不可交易的权利。

而表达自由的价值底色,除源于个人自由外更源于公共福利和社会进步,这样一来,当表达自由与名誉权这两种价值取向有明显差异的权利发生冲突时,就形成了两者看起来在根源上无法通约而只能排序的局面。既然无法通约,当然也就谈不上进一步的整体配置和优化了。

要破解这个难题,需要法教义学与经济分析的协力。

在教义学上,有别于传统的纯粹规范性的理解,可以引入功能性视角展开对名誉概念的构建。名誉被视作社会沟通的先决条件,丧失名誉

---

① 参见苏力:《〈秋菊打官司〉案、邱氏鼠药案和言论自由》,载《法学研究》1996年第3期。

会导致丧失与他人交流的自由。在此意义上，可将名誉界定为一个人满足平等主体之间沟通要求的规范期待的能力。

以规范性的理解作为名誉的（平等的）基础，同时以功能性的理解作为名誉（差异化的）增量。以人的尊严为底色的规范性/人际性的理解，不是功能性的理解相并列的内容（实际上两者也无法并列兼容），而是作为名誉的基础，提供了一个必要保留、不能削减的底盘和基础。

每个人的名誉的基本面是相等的，这直接来自他作为一个人的平等享有的尊严。在此基础上，每个人的名誉增量存在差异。增量部分的名誉，是社会沟通的重要条件，名誉增量的大小差异，影响一个人与他人交流沟通的能力。

按照我主张的观点，权利通约的紧张就能得到缓解。一方面，从功能性的角度来看，表达自由本质上就是社会沟通机制的核心部分，正是由于对表达自由的保障，整个社会才能不断获取和更新信息，处在一种有效沟通和商谈的常态运转中。

另一方面，在人的尊严作为基础之外，将名誉视作沟通的前提条件，丧失名誉者，失去的恰恰就是与他人有效沟通和商谈的自由。

因此，在社会沟通机制的功能性视角下，表达自由与名誉权之间的紧张关系就得到了消解，两者分享同一价值底色，同属于个人与他人沟通的必要条件和保障，服务于促进个体在社会生活中有效沟通的同一目标，由此，两者之间不可通约的壁垒自然就被推倒和清除，进而在逻辑上就可以没有羁绊地处理权利配置的问题。

自诉机制的经济分析

从经济分析的视角来看,诽谤罪“原则自诉而例外公诉”的制度安排,就是一种对于实现言论自由与名誉权这两个基本权利最优化配置的刑事立法方案。

一方面,在诽谤案的场合,公诉机制的确权成本过高。证明行为人表达是否属实(为真)是诽谤罪诉讼中的关键问题。但恰恰在这一点上,也是整个诉讼环节中最耗费成本的环节。一种可能出现的情形是,行为人所说“坏话”的内容属实,即并非无辜的当事人确实做了“坏事”,即使坏事被曝光后客观上有损于当事人的名声,但是在法律上,也不应当支持当事人对这部分损失主张权利。真相恰恰说明当事人本来也并不配得到那部分名誉。

更重要的是,一个不利于某人外部名声的“坏话”或“丑闻”出现,未必对社会就是坏事。当它为真时,反而是增加了社会沟通中的有效信息,让其他人有更全面深刻的知情,提高了其他人的沟通交往能力。只有当“坏话”为假时,才需要通过法律进行遏制。于是,确权的关键不在于有坏话导致某个人的外部名声受损,而在于让他名声受损的“坏话”是否属实。

但是,如果把追查这一事实的任务交于司法机关主动介入,启动公诉,则不仅要消耗大量的时间和其他成本,而且很有可能这种消耗最终因为查明坏话属实而变得无意义,所耗成本既不能由行为人买单也不能由当事人买单。

因此,最明智的做法就是通过自诉机制,把防止这种可能无意义的资源损失的任务交给当事人。因为他处在那个能够防止这种无谓损失的最佳位置。

对于诽谤事实的真实性,被诽谤的当事人是最清楚事实真相从而也最容易避免调查成本无意义消耗的人,他会做出最有利于自身利益的权衡。当坏话为真时,当事人提起自诉的胜算也很小,而且诉诸法庭闹得众人皆知,反而是进一步广而告之地让丑闻传播,加剧名声受损。因此,最优策略就是不提起告诉,祈望事件尽快平息止损。此时,不仅行为人的“坏话”增加了社会真实信息的总量,而且不会为此启动任何不当的司法程序,不会产生无意义的资源浪费。

在避免司法资源损失这一点上,当事人就是一个经济学上所谓“最小成本防范者”①, 自诉机制就是一个避免无谓损失的最小成本防范机制。②

另一方面,自诉机制作为一种“财产规则”而非“禁止交易规则”,可以留给双方回旋和解的余地。按照经济学上的“卡 - 梅”分析框架③,公诉机制属于一种在是否追诉的程序上,禁止双方交易的规则,而自诉机制则是一种行为人可以向当事人付出对价购买“不起诉”的“财产规则”。

---

① Guido Calabresi, *The Costs of Accidents: A legal and Economic Analysis*, 1970, p. 150 - 164.

② 参见车浩:《诽谤罪的法益构造与诉讼机制》,载《中国刑事法杂志》2021 年第 1 期。

③ Guido Calabresi and Douglas Melamed, *Property Rules, Liability Rules, and Inalienability: One View of the Cathedral*, 85 Harvard Law Review 1089(1972).

如果一旦进入公诉程序，就是开弓没有回头箭，即使认罪认罚或刑事和解，行为人也很难从刑事犯罪记录上面全身而退，被害人与行为人之间难以全面化解恩怨，且此过程必须要由司法机关主导并投入大量成本。

相反，如果允许自诉，行为人与被害人可以反复地沟通谈判，被害人在得到足够补偿的情况下，可以选择不起诉（相当于将起诉权出售）。甚至在法院审理过程中也可以适用调解，被害人在法院判决前可以同行为人自行和解，也可以撤回起诉。为此，行为人可以付出诚意公开道歉，挽回被害人的名声损失，或者金钱赔偿后免于刑事追究和犯罪记录，双方能够形成一个满意的结果，而这个过程并不需要在公诉程度上消耗额外的司法成本。

因此，从经济学的角度来看，诽谤罪的自诉机制，是一种在程序方面配置名誉权与表达自由冲突的精巧设计。这种设计能够实现权利配置的最大化，因此得到世界各国刑事立法和司法实践的认可。

自诉机制的事理逻辑

除经济分析的视角外，从生活事理和犯罪类型的特点来看，诽谤、侮辱、干涉婚姻自由等犯罪，原则上也以自诉为宜。

首先，此类犯罪大多发生在“熟人社会”内部，较难将单一行为从整个生活洪流的因果纠葛中切割出来，外部的司法机关难以断明是非曲直。

大多数带有侮辱、诽谤、干涉婚姻自由以及虐待性质的行为，往往出现在个人社交或家庭亲友的小圈子中，包括被害人与犯罪人在内，这个半封闭的小圈子里的人际关系，不是突然产生而是连续不断的，这就导致有时候很难把某个看似符合构成要件特征的行为，硬生生地从生活的流水中切割出来，作为一个刑法上孤立判断的对象。

例如，兄弟妯娌之间因琐事争吵，符合了侮辱罪或诽谤罪的构成要件，看起来定个罪很简单，但是有经验的司法者，会考虑到以下因素：可能今日的被诽谤者，也曾在往日羞辱过对方；可能今日的诽谤者，也曾在以前深恩于对方；可能双方有感情基础，现在闹翻了，但一旦遇到外辱又会兄弟同心；可能存在与双方有感情纽带关系的亲友第三人，互有亏欠，三角感情债牵扯不清……

这些可能性都是高概率存在的。生活是一团乱麻，司法机关要将一个线头从乱麻中剪断，作独立评价，显然悖理，而要进入这乱麻中全面取证，作整体评价，更是为难。因此才有所谓"清官难断家务事"。

其次，此类犯罪的侵害法益以及侵害程度，很大程度上会受到被害人自我感受、自我认知、自我评价的影响，具有较明显的个人主观性。

在侮辱罪或者诽谤罪的场合，尤其如此。该两罪的保护法益，是个人的名誉。对于名誉法益的定义和理解，向来存在争议。但无论是个人主观上内在的名誉情感，还是客观上外在的社会声誉，都具有较大的不确定性和偶然性。个人的自我评价，可能是自恋或自卑而又不自知导致过高或者过低；社会的外部评价，与个人实际上应得声望相比，也可能是名实不符。

此外，也有观点认为，应当以对人的尊重作为名誉概念的基础，当应得之尊重未能实现时，就是名誉法益遭受损害。但是，即使可以从一般的社会视角来评价当事人是否受到足够尊重，也不可能脱离开当事人本人自己的感受和想法。

例如，曾有子女因为痛恨父亲出轨而专门设网站对其父侮辱诽谤，但是负疚于心的父亲，把默默忍受儿女的谩骂当作自己的应得惩罚或赎罪之路。又如，有名不副实者，被他人谩骂欺世盗名，从外界看来属于“侮辱”或“诽谤”，但对本人来说，却心知肚明不敢声张。再如，有德高望重者，遭受不实的网络暴力，但完全无动于衷，懒得计较，甚至当作是人生路上的修炼，“未经九九八十一难，难取真经”，因而不以为忤，反而欣然面对。

凡此种种，不一而足，皆是由于侮辱罪、诽谤罪所保护的名誉法益，是否以及如何受损，实是带有较强烈的个人主观化色彩。这就给司法机关以公诉之名强行介入保护，带来了障碍和疑问。

最后，既然此类犯罪多数发生在“熟人社会”，因此往往是指向特定关系中的特定个体，其危害性不具有溢出效应和扩散风险，不会造成“陌生人社会”中不特定公众的恐慌和安全感下降，因而通常也不会“严重危害社会秩序和国家利益”。

例如，在被阻碍与男友交往时，女儿无比痛恨父亲干涉自己的婚恋自由，可是没过几天，发现对方是个渣男，可能又会特别感激父亲的英明。该情形不仅如上所述，法益损害性取决于个人感受，发生在父女关系中的忽爱忽恨难以判断，而且，父亲的这种干涉，只会针对自己的子女，根本不会延展到其他人身上，并不会让社会公众担惊受怕，不会去担心这位专制的父亲会不会跑来干涉自己的婚恋自由。

总之，传统的诽谤、侮辱等犯罪行为的特点，都是发生在特定关系中，基于特定原因，指向特定个体，没有溢出效应和扩散风险。处在“陌生人社会”中的公众，只会唏嘘，甚至会愤怒，却是无从恐慌，安全感不会受到威胁，因此至多是个人法益的损害，但是谈不上对社会秩序或国家利益的威胁。因此，交予个人自我决定是否起诉即可，不具有使用国家司法资源一律启动公诉的合理性和必要性。

例外的公诉

再回到李四诽谤案，为什么它可以成为例外的公诉案件？

前面我所说的，从生活事理和犯罪类型的特点来看，诽谤罪在原则上由被害人自诉的几点理由，也可以作为判断一个诽谤案件是否超出了被害人自诉边界，进入公诉管辖区的参考标准。以李四诽谤案为例，可以很清楚地看出这一点。

第一，在这起案件中，被害人周某与李四之间没有任何特定关系，不存在任何熟人社会中的因果纠缠，而是陌生人社会中素不相识的个体。李四对周某的名誉侵害，不能找出任何事出有因的恩怨纠葛，而就是一个完全独立的无端事件。对此的判断和取证，均不存在任何困难。

第二，被害人周某被偷拍后又被编排成荡妇出轨，造谣信息在网络上扩散，被动卷入到一场“社会性死亡”中，不仅正常生活出现极大震荡，也被诊断有“抑郁状态”。从周某的遭遇以及提起自诉来看，她本人显然认为自己的名誉遭受了巨大贬损，内在的（主观的）名誉情感难以接受。

同时，从社会公众和媒体舆论的反映来看，几乎是众口一词地谴责和声讨李四，都高度地同情无端受害的周某，普遍认可周某的外部的（客观的）社会名誉遭受损害。即使诉诸规范的名誉概念，周某在这起案件中的人格尊严完全没有得到尊重，而是成为物化和消费的工具。因此，无论从主观、客观还是规范等各个角度和层面来理解名誉，本案中的法益损害都是确定无疑的。

第三，也是最重要的一点，本案的犯罪对象具有不特定性，诽谤行为针对的是毫无关系和因果纠葛的陌生人，这意味着社会中的每一个公民，都可能成为潜在的侵害目标。而针对不特定个体的威胁，就是对由无数个体组成的社会秩序的威胁。

由此产生的溢出效应和扩散风险是，公众在人格权和隐私权方面的安全感下降，因为会感觉到"被偷拍、被诽谤"是防不胜防的，这种恐慌情绪甚至可能引发社交自由萎缩。对平安社会治理而言，这已经构成典型的"严重危害社会秩序和国家利益"。

在何以区别于自诉的公诉原理层面，我在这里阐释的"严重危害社会秩序和国家利益"的判断规则，可以从以往的司法文件和实务传统中得到支持和证实。

例如，关于杀人罪的死刑适用，1999 年《全国法院维护农村稳定刑事审判工作座谈会纪要》中明确指出，对于因婚姻家庭、邻里纠纷等民间矛盾激化引发的故意杀人犯罪，适用死刑一定要十分慎重，应当与发生在社会上的严重危害社会治安的其他故意杀人犯罪案件有所区别。

为什么要有区别？因为人们或许会被熟人之间的杀人行为震惊，但由于自己脱离于犯罪人与被害人的特定关系之外，因此不会感到恐慌和不安。在这种情形下，刑罚的目的，主要是怎么惩罚犯罪人为宜（特殊预防或报应），而不是对社会中的其他人产生规训效果（积极的一般预防）或威慑效应（消极的一般预防）。相反，“发生在社会上的”针对不特定对象的杀人行为，会给社会公众带来远为剧烈的不安全感和恐慌感，严重威胁社会治安，因此，在死刑政策上从重处罚，显然是由于后者比前者更有一般预防的必要性和意义。

又如，2013 年“两高”《关于办理寻衅滋事刑事案件适用法律若干问题的解释》规定，“行为人因婚恋、家庭、邻里、债务等纠纷，实施殴打、辱骂、恐吓他人或者损毁、占用他人财物等行为的，一般不认定为‘寻衅滋事’”。

为什么不认定？因为寻衅滋事罪是妨害社会管理秩序、扰乱公共秩序的犯罪，所谓社会秩序或公共秩序，都是由不特定个体的社会生活构成，但是婚恋、家庭、邻里、债务这一类纠纷，只能发生在特定关系的特定个体之间，由此引发的殴打、辱骂、恐吓、毁财等行为，虽然在形式上符合寻衅滋事罪的构成要件特征，但是仅仅是对特定个体的人身或财产的威胁，而对于寻衅滋事罪所要保护的社会秩序这一法益而言，却不具有直接的危害性，因此要区别于典型的寻衅滋事罪，从该罪的范围中剔除出来。

同理，原则上自诉的诽谤罪，为什么可以例外地启动公诉？2013 年“两高”《关于办理利用信息网络实施诽谤案刑事案件运用法律若干问题的解释》第 3 规定的“严重危害社会秩序和国家利益”的六种情形，共同特征是对诽谤行为已经对社会秩序和国家利益造成的严重后果的描述。需要注意的是,造成这些严重后果的诽谤行为本身,可能并不具有危害社会秩序的性质,只是发生在熟人社会中针对特定个体的诽谤行为,但也可能因为引发危害社会秩序的严重后果,就进入了公诉的领域。

除明列的六种情形外,按照本文观点,当诽谤行为本身具备"严重危害社会秩序和国家利益"的性质时,也应当成为公诉的对象。

总结来说,这种危害社会秩序的诽谤行为的性质,表现为行为指向不特定个体,名誉受损的风险由此溢出到由无数不特定个体组成的社会中,使得社会公众在名誉安全感方面人人自危。此时,侵害对象已经超出了被害人个人法益的边界,上升成对社会秩序的严重冲击,当然也就不能够再由被害人自我决定行使或放弃诉权。以诽谤罪追诉行为人,成为公诉机关应当履行的责任,进而实现有效的一般预防,保护所有公民的名誉权不受威胁和社会秩序的稳定。

有德行的法治

在本案中,周某只是到小区门口的快递站取了一个快递,就遭受了意想不到的无妄之灾。这样的被害人,完全可能被置换成任意一个与犯罪人毫不相识也没有因果交集的普通公民。

今天是周某遭受恶意偷拍和无端诽谤,成为无所忌惮地发泄消遣的工具,明天可能就是每一个不特定的你我,成为网络暴力中的下一个社会性死亡者。对此,司法机关及时启动公诉程序,激活了以往常年沉睡的诽谤罪公诉条款,表明了司法者的担当,这是值得充分肯定的。

不仅是担当,从法律适用的专业角度来看,本案也具备公诉的法定条件。这一点,如上所述,是《刑法》第246条规定的应有之义,是需要努力倾听和发掘的、内在于法律文字之中的法理。此外,作为一起经由网络迅速传播的案件,更容易引发网络舆情,超出传统的社区传播的影响范围,使得社会危害性成倍扩大,无疑是加速推动了本案由自诉转为公诉的进程。

最后我想强调的是,只有遵循规则应对个案,才是有德行的法治而非德治。不能把本案由自诉转为公诉,简单化地理解为一旦出现了民情激愤的影响力案件,司法机关就急于要给公众一个顺应民意的交代。应当看到的是,在这个过程中,司法机关实现政治担当的首要职能和方式,就是在法治的轨道中按照规则去处理个案。

规则是普遍适用的,不能一案一议。如果说在某个案子中有舆情了,就严办快办来顺应民意,下个案子没舆情了又拉倒,缺乏前后一致的、可普遍适用的规则,那么,司法者越有担当,就越不是法治而是德治。

不同的是,坚持按照一般性规则办案,但对于法律规则的理解和适用,是朝着有利于让普通老百姓感受到公平正义的方向,这才是有德行的法治。希望李四诽谤案,能够成为一个在这个方面有指导意义的典型案例。

以此与所有司法工作者共勉。

⑪ 骂保健品是毒药，构成损害商业信誉、商品声誉罪吗？

导读

经过诽谤案的教训之后，李四的生活逐渐走上正规，经人介绍开始学医，几年后成为社区卫生站的医生。李四上网时注意到，某地著名药企九阳公司旗下的“九阳药酒”拥有广泛的知名度，销量极好。但是，李四对该药酒的疗效抱有怀疑，并在网络上发表了一篇题为《神酒“九阳药酒”，来自天堂的毒药》的文章。九阳公司因此报案称，李四的文章造成了100余万的退货损失，严重损害了公司的声誉。九阳公司所在地警方以涉嫌损害商誉罪为由对李四立案羁押，之后，检察院对其批准逮捕、退回补充侦查、最后又变更强制措施为取保候审。

重获自由后，李四自拍了一张憔悴惊恐的照片，激起了公众的同情和愤慨，同时也引发了对于个人言论自由边界的热议。李四的行为构成犯罪吗？将九阳药酒说成是“来自天堂的毒药”，是否符合损害商誉罪的构成要件？如果认为损害商誉罪不禁止价值贬损，那么这背后的立法考量又该作何理解？

在这些考量的全面辐射下，九阳药酒案已不仅仅是针对李四本人的一桩独立个案，而映照出了对比例原则的运用、对罪刑法定和构成要件的理解，以及企业面对舆论批评时的容忍义务等刑法内外的一般性问题。

九阳药酒案特别是李四的照片曝光后，网上各种评论铺天盖地。不过，令人难以满意的是，一些应当得到重点强调的问题，似乎还没有被特别突出，相反，一些枝节或发散性的议论，又有些被过度渲染了。这样一种弥散的状况，导致学界和公众的关切有些失焦。而这个影响性案件中蕴含的反思性能量，以及对以后类似案件有启发和借鉴的法律关节，可能也容易被遗憾地淡化了。

强制措施的比例原则

开门见山地说，九阳药酒案的问题，首先在于违反比例原则。

李四被九阳公司所在地警方抓捕后执行拘留，后经检察院批准，以损害商誉罪被执行逮捕。回头来看，就刑事强制措施的适应性和相当性而言，逮捕的决定是否正确，恐怕存有疑问。

拘传、取保候审、监视居住、拘留和逮捕，这五种规定在《刑事诉讼法》中的强制措施，对公民人身自由的限制强度，是由低到高的。强制措施如双刃之剑，适用时必须受到比例原则的制约，这也是刑事法治的题中应有之义。

根据《刑事诉讼法》第 79 条和第 80 条的规定，作为最严厉的剥夺人身自由的强制措施，拘留和逮捕的适用有严格的条件。特别是逮捕，针对的必须是采取取保候审，尚不足以防止发生诸如实施新罪、危害国家安全、毁灭伪造证据、打击报复、企图自杀或逃跑等社会危险性的犯罪嫌疑人。

强制措施的种类和强度，必须要与犯罪嫌疑人的人身危险性之间存在相当性。这是比例原则在强制措施中的具体体现。

就本案所涉嫌的损害商誉罪、李四实施的具体行为及其个人情况来看，取保候审应已足够，并无适用逮捕的必要性。因此，本案中检察院最终变更了强制措施。

但是，在这里提出这个问题，仍有意义。

可以想见，如果李四从一开始就被取保候审，这个案件也不会引起这么大的反响。以羁押为常态，取保为例外，这本是司法实践中长期不愈的沉疴，九阳药酒案再次将之暴露出来而已。

对本无羁押必要之人，习惯性地采取羁押措施，视比例原则如笑谈，在我看来，这才是本案中最让公众感到恐惧不安的深层原因。它是一种普遍存在的权力的恣意和傲慢。

如果能以此案为契机，在这个关节点上，重申限制人身自由的比例原则，持续深入地反思警察权和检察权在羁押措施上的限度，九阳药酒也算对法治做出了贡献。

“毒药”是捏造事实还是价值贬损

本案中，司法机关将价值贬损的行为类推适用损害商誉罪，违反了罪刑法定原则。

事件刚曝光时，不少评论都认为，李四的行为不构成损害商誉罪。理由方面，有的认为缺乏结果不法，有的认为因果关系不明，有的认为药酒成分确实对老年人不利，因而不是捏造事实等。

再来看一遍为李四惹来麻烦的这篇文章。

这篇文章，据李四自己的说法，只有首尾两部分是他自己的文字，中间关于心肌变化、心脏传导系统、心瓣膜和血管老化等部分，都是从他处直接复制而来，系一般性的医学知识，与九阳药酒没有半毛钱关系。

与本案有关的，是以下文字：

“神酒‘九阳药酒’，来自天堂的毒药；只要每天一瓶，离天堂更近一点。九阳药酒的广告夸大疗效，包治百病，屡禁不止，为何？巨大的商业利润，幕后的推广公司。”

显然，上面几句话中，说夸大疗效云云，明显不能成为入罪的理由。最有杀伤力的表述，还是说九阳药酒是“来自天堂的毒药”。

根据《刑法》第 221 条的规定，损害商誉罪是指“捏造并散布虚伪事实，损害他人的商业信誉、商品声誉，给他人造成重大损失或者有其他严重情节的行为”。于是，本案的关键问题是，说九阳药酒是“来自天堂的毒药”，是否符合损害商誉罪的构成要件呢？

不必急着下结论。首先要搞清楚损害商誉罪的状况。

刑法对名誉的保护是碎片性的，根据主体的不同而有所区分。对于自然人的名誉，主要是通过第 246 条侮辱罪和诽谤罪加以保护。“以暴力或者其他方法公然侮辱他人的”，是侮辱罪；“捏造事实诽谤他人的”，是诽谤罪。

既然保护法益都是自然人的名誉，两罪有何差异？侮辱，是指对他人予以轻蔑的价值贬损，至于表述内容是否真实并不重要。例如，辱骂性工作者为“婊子”的，是侮辱。相反，诽谤，是捏造并散布某种事实，足以败坏他人名誉。所散布的事实，不足以使人信以为真的，不是诽谤，但可能属于侮辱。

例如，说某人是“猪头”或“脑子进水”。某人愤怒的理由，肯定不是因为，行为人捏造事实，虚构了“指人为猪”或“明明没水非说有水”的假话，而是因为这表述中包含价值贬损。所以，这是侮辱，不是诽谤。

在上述意义上，可以把侮辱与诽谤理解为互斥的关系，也可以说，对于那些没有捏造事实因而不能被诽谤罪包摄，但又通过价值评判损害他人名誉的行为，用侮辱罪加以堵截和补充。

再回过头来看损害商誉罪。侮辱罪和诽谤罪是针对自然人的一般性名誉，而损害商誉罪针对的是从事商业活动的主体（主要是公司、企业）的商业信誉和商品声誉。针对这部分特定主体的特定名誉，刑法的保护方式，明显不同于对自然人的一般性名誉的保护。

这一点，对比第 246 条和第 221 条的构成要件表述，一望可知。

第 246 条在规定了“捏造事实”的诽谤罪之外，还规定了虽然没有捏造事实、但以价值贬损的方式损害他人名誉的侮辱罪，可谓对自然人的名誉实现全方位的保护。

而第 221 条损害商誉罪，构成要件行为仅限于“捏造并散布虚伪事实”。就此而言，损害商誉罪可谓是一种针对商誉的诽谤罪，但不包括针对商誉的侮辱。

申言之，虽然损害了他人商誉，但不是通过捏造事实的方法，而是通过价值贬损的方式实施的，不构成损害商誉罪。这不仅是与第 246 条的侮辱罪和诽谤罪对比而出的结论，而且本来就是第 221 条的清晰表述。换言之，这是罪刑法定原则的明确要求。

再来看九阳药酒案。说九阳药酒是“来自天堂的毒药”，这到底是在虚构和捏造一个事实，还是在表达一种贬低性的价值评判？

“毒药”者，饮之能毙命之物。在汉语语境中，它至少有两种用法。一种是在事实陈述的意义上使用，例如，“砒霜是一种毒药”。显然，这是一种中立的说明性文字。

另一种用法，是在价值评判的层面上，将某物比喻成毒药。例如，告诫沉迷于烟酒者，可以说，“烟酒是一种毒药”。怜悯为情所苦者，又可以说，“爱情是一种毒药”“思念是一种毒药”，甚至如那英所唱，“你的微笑，是一种毒药”。这些文字，就属于带有价值评判的意见表达了。

综观李四文通篇，没有一处说明九阳药酒到底有哪些毒性成分，又把它说成是“来自天堂的毒药”，这种表述方式，显然不是要引导读者在“砒霜是一种毒药”的那种陈述事实的意义上，去理解这里的“毒药”。

因此，这不是在捏造九阳药酒是一种毒药的事实，而是在“喝这种药酒对身体没什么益处”的意义上，使用“毒药”这种夸张修辞的笔法，对九阳药酒进行一种价值贬损。

所谓“九阳药酒是毒药”，其实表达的是“九阳药酒简直就是毒药”的意思，这不是一个真假的事实判断，而是一个好坏的价值判断。

如果非要把这句话说成是捏造事实，那可能还需要进一步指出，李四捏造了九阳药酒的产地，事实上是 J 城，但是他竟然说是来自天堂。

这就好比一个被骂“猪头”的人，非要通过认真地证明自己确实不是头猪，来指控对方犯了捏造事实的诽谤罪。这样的做法，可能就接近猪头了。

的确，捏造事实和价值贬损，都能损害他人商誉。但是，并非所有损害商誉的行为，都能构成刑法上的损害商誉罪。在刑法明确规定该罪的行为方式仅限于“捏造事实并散布”的情况下，如果把价值贬损的行为也纳入该罪的，那就不是依照法律规定而是根据危害性来定罪了。

而这样一种脱离法条文字、根据社会危害性进行实质判断的做法，是对罪刑法定原则的公然违反，它其实已经是一种类推适用了。

这，才是九阳药酒案在实体法上的命门所在。

商誉不是玻璃心

接下来，不妨脱离个案，舒展一下脑筋，进一步思考：对自然人的名誉保护，既有诽谤罪又有侮辱罪，但是对商家的商业信誉和商品声誉的保护，却仅限于诽谤型的“捏造事实”，为什么？

这个问题，以往并没有人关注。我在这里尽量通俗地做一个学理上的分析。

法律文字背后，是社会现象和立法者的价值观。侵害名誉类犯罪，重点在于如何处理名誉权与言论自由这两项权利之间的冲突。

对于不同主体而言，名誉的表现形态和重要性又有不同，权利的位阶、配置和冲突解决方式，也应当有所区分。

先说个人的名誉权。

首先，如果把人格尊严放在一个很重要的地位，接受或部分接受“人是目的不是工具”[①]的观念，那么，就会承认，每个人都应当得到他人的

① ［德］伊曼努尔·康德：《实践理性批判》，韩水法译，商务印书馆 2003 年版，第 95 页。

尊重,既不应当被捏造诬陷,也不应当被轻蔑羞辱。

其次,个人的名誉来源多元而脆弱。对普通人的一般性名誉而言,举凡品行、道德、才干、性格、感情等各个方面,都能成为外部社会评价一个人的因素,都能成为尊严和名誉受攻击被损害的对象。

与之相应,损害方式也多元化,捏造事实说他人"偷单位的办公用品",或者价值贬损说他人"无能、爱占小便宜、窝囊废",都可以造成一个人的名誉受损。所以,个人名誉权受伤的角度是多维的。

考虑到这些因素,刑法在事实陈述与意见发表两个维度上,全方位地保护个体的名誉不受损害。这体现在,第246条既设置了针对捏造事实的诽谤罪,又设置了针对价值贬损的侮辱罪。

不过,众所周知,言论自由是不弱于名誉权的基本权利,甚至被认为是比人格权更基础、更源初、更重要的权利。两者发生冲突时,如何配置优先性?

表面上看起来,侮辱罪和诽谤罪的规定在法律上界权很清楚,即一个人的言论自由不能以捏造事实或价值贬损的方式损害他人的名誉权,但是,这只是一般性的界权规定。

落实到个案中,特别是,在何种程度的价值贬损才能影响到社会的外部评价这一点上,此时的名誉权具体边界何在,个人的言论自由边界何在,这在具体诉讼中,需要琐细和巨大的界权成本(也可以认为是包含在广义的交易成本中)。

于是,面对这种极其广泛的个人名誉权与言论自由之间的冲突,立法者采取了一种平衡的方式。

一方面，在实体法上，侮辱罪与诽谤罪并举，在一般性规定的层面通过抽象的界权，全方位地保护个人的名誉权。

另一方面，在程序法上，又规定由被害人自己提起诉讼。这种自诉方式，实质上是把包括具体界权成本在内的打官司的交易成本，交由主张名誉权的公民个人负担。

这就是刑法对待个人名誉权的态度。那么，在商誉受损的场合呢？

首先，相对于人是目的，商品是服务于人的工具，没有那么高位阶的尊严及羞辱问题。特别是，涉及一件商品的效用好坏，可谓见仁见智，而对商品好坏发表意见和价值评判，更是任何一个消费者的权利。

其次，对生产、销售商品的商业主体而言，商誉也不是一颗轻易就能被损害的玻璃心。

现代社会中，几乎所有的商业广告，多少都带有夸张成分，铺天盖地，无孔不入，公众对此早已习以为常。

如果商家捏造事实虚假宣传，那自然有虚假广告罪在等着他。但是，如果是在效用价值方面夸大其词，那么，这种价值浮夸，就处在现代社会能够接收和容忍的广告含义之内。

相应地，要享有多少被他人容忍商品价值浮夸的空间，自己也要能够容忍多少被价值贬损的空间。在这个意义上，吹牛还真就是要上点税的。

换句话说，如果允许商家做广告吹牛是“神药”，那就得允许消费者竖中指说这个是“毒药”。

对刑法来说，只要双方都没有在事实层面捏造虚构就行了。至于在价值方面的浮夸或贬损，都留给各自去忽悠吧。

在我看来，这就是《刑法》第 221 条损害商誉罪，只禁止“捏造事实”之诽谤，但未禁止价值贬损之侮辱的深层原因（或许立法者也未必想得清楚，但刑法理论可以把它挖掘出来）。

退一步来说，如果还觉得不满意，认为立法者偏心，对商誉保护不如个人名誉那么全面，那么，就要看到，这里同样有一个整体上的保护平衡。

那就是，在程序法上，损害商誉罪是公诉案件，国家用公权力支持起诉，承担起这个追诉成本。相对于侮辱罪和诽谤罪只能自己打官司来看，这也算是弥补了实体保护上缺少的那一块吧。

⑫ 收买被拐卖的妇女罪，要不要提高刑罚？

导读

经历过诽谤案和药酒案的李四，在当地已成为过街老鼠，离开J城，回到当初自己被拐卖并居住生活了15年的F县之后，李四从人贩子手中“买了媳妇”何某，多年后有人偶然发现，精神异常的何某，被李四用铁链拴在院子里。

此事被传播至网络，引起轩然大波。

但是，按照现行刑法的规定，收买被拐卖妇女罪的最高刑罚是三年有期徒刑。一时之间，“买妇女还不如买鹦鹉判得重”的说法广泛流传，主张修法提高收买被拐卖妇女罪刑罚的呼声此起彼伏。

这里首先涉及一个法律规范的两面性问题。公众看到的和司法者面对的，是同一规范的不同侧面。刑法只能轻纵收买妇女的行为吗？在现行法下，是否存在重罚的方案？

其次，提高收买罪的刑罚，能否有效威慑住收买妇女这种特殊类型的犯罪？此外，对于基层执法者的行为逻辑而言，提高刑罚是否可能产生某种人们不愿意看到的反向激励？

深入这些问题的内部，需要比简单地表达口头正义更审慎的多维思考。即使思考之路通往人性的幽暗和残酷，思考者也必须在黑暗中冷静前行。

F县收买被拐妇女案,引发了全社会对于拐卖妇女问题的关注。其中,与法律紧密相关的,是买卖妇女犯罪的刑罚轻重问题。

按照《刑法》第240条规定,拐卖妇女罪,处5年以上10年以下有期徒刑,情节严重的,最高刑可以到死刑。这算是重刑配置了。与之相比,收买被拐卖妇女罪,也就是通常所说的"买媳妇"的行为,处罚明显为轻。《刑法》第241条第1款规定,"收买被拐卖的妇女、儿童的,处三年以下有期徒刑、拘役或者管制"。

关心这一问题的公众、学者,很多都认为收买被拐卖的妇女罪的法定刑太轻了,不利于打击犯罪,甚至对比其他罪名的刑罚设置,提出"买一个妇女,最高才3年,而买几只鹦鹉,就能判到5年"。在这种强烈对比下,呼吁修改刑法,大幅提升买方法定刑的声音,已经在互联网上形成一股浪潮。

拐卖以及收买被拐卖的妇女儿童,在任何国家和社会的道德观念层面和法律制度层面,都是不应被允许和正当化的。在此基础上,需要讨论的是:关于收买被拐卖妇女的行为,《刑法》第241条的刑罚设置是否合理,应如何评价?

立法论与解释论的关系

在讨论收买罪的刑罚轻重之前,首先要澄清的,是立法论与解释论之间的关系。

通常而言,不成熟的修法建议有两种表现形式:一是在尚未用好用足现行法律之前,就提出修法。二是在没有充分评估修法的潜在风险的情况下，就提出修法。这两种倾向可能会导致“好心办坏事”。修法不可能随时启动和完成，但案件每时每刻都在发生，需要司法者“依法”处理。

法律实务工作者不能以现行法需要修改为由，拒绝处理眼前的案件。相反，法官、检察官和律师的职业伦理，是要尊重现行法的权威和效力，以现行法为前提和依据，处理当时当下正在发生的案件。其工作目标是，在未修法的情况下，通过妥善的司法，在每一个案件中努力实现社会公众希望通过修法来实现的正义状态。这也是在讨论此类议题时应当在首要位置讨论的、最重要的问题。

通过法律解释和适用的技艺，弥补和填平公众眼中看到的现行法与他们心中应然之法的落差，使得法律维持在一个尽量克服朝令夕改的不确定性同时能实现正义的可预期状态（法治状态），这是专门性的法学教育的意义，也是法律人的职业伦理和社会责任。司法者要在具体的办案中去实现这一点，学者则要通过理论的构建和解释去帮助司法者实现这一点，这是法律实务工作者和法律理论工作者各自均应守住的“道”。

当然，即使是部门法学者，也肩负着批判和修改法律、追求良法的使命，但是，批判法律不能日常性地位于解释法律的使命之上。解释法律通常都是第一位的，除非是法律的非正义达到了难以用解释来校正的情况下，才应启动批判。这个工作顺序不能颠倒。

立法的正当性基础在于民主，最终是否修改，还是作为立法者的人民说了算。刑法理论主张首先解释而不是修改法律，也并不意味着不重视呼吁修法的民意，恰恰相反，在立法者最终决定修法之前，现行法就是社会公众的民意结晶，没有谁能比法律，更加有资格代表民意。因此，努力解释法律，就是对真正的民意的最大的尊重。

具体到收买被拐妇女罪，特别是像F县案件出来之后，社会公众的多数意见是不能轻纵收买者，认为对收买妇女的行为，最高只判三年无法实现正义。那么，作为一个司法者，最紧迫的问题就是，如果一个收买被拐妇女的案件已经到了眼前，应当如何根据现有法律认定、审理和裁判，才能在个案中实现这种社会公众心目中的正义？

这也是刑法理论首先要回答的问题。一方面，与立法相比，司法工作是法律人群体从业人数最多的职业，法学应当首先为这部分工作提供理论指导。另一方面，更重要的是，即使修法，刑法不溯及既往，根据从旧兼从轻的原则，新的法律，也不能对当下的案件产生任何影响。

而对于收买被拐妇女的案件来说，恰恰绝大多数都是陈年的积案，发生的新的案件已经越来越少，因此，最紧迫也最重要的法学回应，是在现有的法律框架下，如何理解和适用法律，才能面对眼前的案件实现正义。

对法律专业人士而言，不能在解释论领域的工作任务尚未完成之前，就直接跳跃到立法论层面去批评法律。所以，与其说我反对修法，不如说认为现行法还有解释的空间，因而反对不解释或不尽力解释法律或者无视解释，就直接提出修法。

预备犯的法理构建

在我看来，现行《刑法》第241条的规定，并没有让人绝望到即使穷尽解释工作也面临无法解决的巨大缺陷和不正义的程度。对此，学者不能放弃解释的努力，而是要“涸泽而渔”地将现行法朝着公众心目中的正义状态去靠近。

《刑法》第241条不只有第1款，它总共包括了6款。现全部列出如下：

(1)收买被拐卖的妇女、儿童的，处3年以下有期徒刑、拘役或者管制。(2)收买被拐卖的妇女，强行与其发生性关系的，依照本法第236条的规定定罪处罚。(3)收买被拐卖的妇女、儿童，非法剥夺、限制其人身自由或者有伤害、侮辱等犯罪行为的，依照本法的有关规定定罪处罚。(4)收买被拐卖的妇女、儿童，并有第2款、第3款规定的犯罪行为的，依照数罪并罚的规定处罚。(5)收买被拐卖的妇女、儿童又出卖的，依照本法第240条的规定定罪处罚。(6)收买被拐卖的妇女、儿童，对被买儿童没有虐待行为，不阻碍对其进行解救的，可以从轻处罚；按照被买妇女的意愿，不阻碍其返回原居住地的，可以从轻或者减轻处罚。

如果仅仅是表面上认识法律，就会认为《刑法》第241条第1款收买罪与第2款强奸罪、第3款非法拘禁罪、伤害罪、侮辱罪等之间，只是罗列性地平行分布的关系；若行为人犯了后面的重罪再去处理，不犯就不处理，因此认为收买行为就是一个最高3年的轻罪。

但是，若按此理解法律，立法者设立第2款和第3款就成为多此一举的冗余。因为，强奸罪、非法拘禁罪、伤害罪等本来都另有单独的条文规定，若实施相应行为，司法者直接援引相关法条论处即可，现在又毫无内容增量地、重复性地列在第241条之下，就变得意义甚微。

这样的理解方式,实际上是把法条仅仅视作一堆文字符号的组合。而站在法教义学的立场,不能满足于这样一种停留在文字表面的形式化理解,因为它并没有解释出法律的丰富内涵,没有释放出法律的善意和能量,更无法实现公众期待法律严厉打击买卖人口犯罪的正义愿望。

在我看来,理解收买妇女罪,不能把第 241 条与后续各款割裂开来单独理解,而是要综合把握第 241 条的各条款的关系,予以创造性地、建构性地阐释。如果能够在第 1 款与第 2 款(强奸罪)、第 3 款(非法拘禁、伤害、侮辱)之间建立起某种非偶然性的联系,就能够借助后续条款中的重罪重刑,实现不轻纵收买犯罪的目标。为此,我提出预备犯的观点。

按照法条规定,收买罪的对象是被拐卖的妇女,这里的"被拐卖"应当排除女性自愿的情形。因此,违背女性意愿或者说"强迫性"可谓是收买妇女罪的构成要件的隐性要素。一个典型的收买行为,必然是从一开始就是违背女性意愿的。

从事理经验上说,以"买媳妇"为目的的收买行为,是希望与明知是违背意愿的被拐女性发生性关系,因此收买之后必然会导向强奸罪;退一步,即使短期内因为各种原因,如男方精神病、残疾、年幼、不能人事等,不能发生性关系,但是对于反抗的女性来说,也几乎必然地要面临被剥夺自由、被殴打侮辱的命运,因此收买之后也必然会伴随性地触犯非法拘禁罪、故意伤害罪、侮辱罪等。

由此可见,违背女性意愿的"买媳妇"行为,几乎是天然地指向后续的强奸罪、非法拘禁罪、故意伤害罪等重罪内容。在此意义上,第 241 条第1款的收买罪，不仅是一个物化女性、侵犯人格尊严的犯罪，而且是一个为了实施后续重罪而“制造条件”的特殊类型的预备犯。

这样一来，就把“买媳妇”的行为基本上都是为了与女性发生性关系并限制其离开的事理层面的经验现象，经由刑法理论的阐释，转化为收买罪与强奸罪、非法拘禁罪等重罪之间的一种法理层面的内在的逻辑关联。

预备犯的实践意义

通过构建收买被拐妇女罪的法益内涵和法条关联，可以对司法者适用本罪时必须同步地考虑后续重罪的适用，形成一种视野上的提示和法理上的约束。只要司法者能够认定行为人成立收买罪，那就可以推定收买人几乎必然地会去按照犯罪计划实施强奸和拘禁等重罪。

于是，在侦查、起诉和审判的过程中，执法者和司法者都不应当将收买罪与后续重罪割裂审查。认定收买罪，不意味着办案的结束，而恰恰是启动追查该预备行为所计划实施的后续重罪的基础。如果在认定收买罪的同时，又忽视或放弃了对后续重罪的认定，在规范层面是对收买罪的认知有误，在实践层面可能就要承担司法渎职的责任。

特别是，对于那些已经生育的被害女性，发生性关系是显而易见的事实，滞留收买人家中也是无须证明的事实，这些都不构成证据上的困难。此时，只要能证明当时发生性关系和滞留不走的“被迫性”，自然就成立强奸罪和非法拘禁罪。但是，由于案发久远，以及可能仅有女方指控而男方否认的情况，以往办案时的证明工作比较困难。

按照我提出的预备犯的观点，就可以降低证明问题的难度。收买行为是预备实施后续重罪，后续重罪是收买行为的目的实现。只要司法者能认定收买罪，就意味着认定了女性的不自愿性或被强迫性，以及行为人压制对方反抗的决意，而由于收买罪与后续重罪之间存在“预备行为—计划实现”的逻辑关系，因而在整个过程中，违背女性意愿的强迫性逻辑，必然是贯穿收买行为和后续性行为及拘禁行为的始终。

这样一来，成立强奸罪和非法拘禁罪所必要的强迫性要件，就经由收买罪的认定而得到了推定（除非有反证，如妇女声称自己都是自愿的）。这样一来，收买罪的认定，再加上显而易见的性关系的事实和滞留的事实，就可以顺利地认定强奸罪及非法拘禁罪的成立。

否则，如果将收买罪与后续重罪割裂看待，由于难以获得“强迫性贯穿始终”的法理支撑，只能孤立、单独地认定发生性行为当时的意愿自由，证据上必然是困难重重。

综上，虽然收买行为本身的法定刑最高只有 3 年，但是，收买行为与后续的强奸、拘禁等重罪行为之间，实质上存在“预备—实行”的关系。因此，全面地评价收买被拐妇女的行为，不能仅仅着眼于第 241 条第 1 款本身，片面地评价成一个轻罪，而要结合第 241 条的全部条款综合评价成一个重罪。只要解释和适用法律得当，无须修法，也能实现不轻纵收买犯罪的政策目标。

收买型强奸的特殊性

主张修法的观点中，还有一种声音认为，即使严格执行收买罪与后续重罪数罪并罚,也与拐卖罪的刑罚差距很大。比如,在拐卖过程中强奸的,起点刑是 10 年以上,而收买罪与强奸罪并罚,通常也达不到 10 年,明显轻于拐卖罪加重处罚的规定,由此说明不修法还是无法实现重罚。

这种观点是把收买之后的强奸罪的量刑基准,放在了 3 年以上 10 年以下。但这个理解,没有充分考虑收买之后的强奸罪与普通强奸罪的差异。

按《刑法》第 236 条强奸罪的规定,情节恶劣或者后果严重的,应当在 10 年以上量刑,最高可以到无期徒刑甚至死刑。我认为,这里的"情节恶劣",在解释上可以包括持续拘禁状态下的多次强奸;这里的"严重后果",在解释上可以包括被害人精神失常。而这些都是在我称为"收买型强奸"的场合极为常见多发的情形。

更常见的情形是,行为人实施强奸的目的,就是让女性受孕并为其生育,而这种将女性彻底工具化的行为,比一般的强奸行为更恶劣,对女性的伤害后果比一般的强奸行为更严重,因此,不能因为怀孕生育就从轻处理,恰恰是应当作为强奸罪中的"其他严重后果",在 10 年以上严惩。

通过上述分析可见,如果司法者充分考虑"收买型强奸"的特点,那么对这种强奸行为的量刑基准,应当是比较多地适用 10 年以上而非 3 年以上。所以我认为,综合全部条款来看,与收买有关的系列行为,完全可以在第 241 条之下整体性评价成一个重罪。对罪行严重者的惩罚幅度,并不会比所谓的"买卖同刑"更低。

涉及强奸罪的认定，还有观点认为，不仅是年代久远的证据困难，而且婚姻关系也对认定强奸构成了障碍。但这是一种错误的认识。在收买型强奸的场合，不存在所谓“婚内强奸”的问题。因为只要证明女性的意愿是被强迫的，则基于强迫而产生的婚姻关系，即使获得了一种形式上的民事上的婚姻证书，在刑法上面也是自始无意义的。

刑法的判断，本来就是穿透表面形式上的各种民商事法律关系，实质地认定犯罪行为。问题的关键，不在于有无婚姻关系，而在于整个事件中的女性的意愿是否自由。而这个证明困难，是可以通过在收买罪的认定阶段，就予以“一揽子”解决的。除非行为人能够举出反证，如女性承认是自愿结婚的，否则，从一个违背女性意愿的、预备实施后续重罪的收买行为中，可以推定后续的性行为、婚姻行为、拘禁行为均是违背女性意愿的。

收买行为一律严惩？

上文旨在说明，收买行为完全可以经由数罪并罚后重刑打击。但是，这也不意味着要对所有的收买行为都一律严惩。我提出预备犯和收买型强奸的观点，是为了说明，实际上刑法并不缺乏严惩收买人的能力。而在考虑理论对法条的解释力的辐射范围时，也应当容纳尽管可能是极少数但不能完全排除存在可能性的边缘案例，包括“善意收买者”的情形。

设想某个场景，人贩子带着一个被强迫状态下的、随时被其拳打脚踢的被拐女，来到某个村落，问有没有人买媳妇。此时，会有典型的收买者跳出来"买媳妇",也会有人在冷漠旁观,任由这个女性继续留在人贩子处遭受折磨,但是会不会也有人,就像《被解救的姜戈》中的舒尔茨医生那样,从奴隶贩子手中买下姜戈,让姜戈脱离被囚禁的处境呢?

相对于那些典型的作为强奸预备犯的收买行为而言,不能排除存在一种为将女性从人贩子手中解救出来而实施的收买行为。[①] 可能罕见,但不能排除。而任何一个理论的提出,都必须考虑到最边缘的情形,无论它出现的概率有多低。

按照我提出的预备犯理论,在收买罪的主观构成要件中,存在一个非法定的目的,即实施后续犯罪。而当行为人基于主观上的解救目的,实施了一个客观上符合收买特征的行为时,他就是所谓"善意收买者"。此时,解救目的否定了预备犯的目的。"善意收买者"就可以由此出罪。

还有一种情况,行为人收买当时,误认为女性是自愿的,等到收买之后,发现女性实际上是被迫的,不愿意与其发生性关系或者想要离开。这种情形如何处理?

如果确实能证明行为人当初误以为对方自愿,则说明其不具备预备实施后罪的目的,不构成收买罪。但是,如果认识到对方是被迫的,仍然强行拘禁或与之发生性关系,则对其单独按非法拘禁罪和强奸罪论处,也不会轻纵犯罪。相反,如果发现女性被迫后,就遵从意愿放其离开,对此不按任何犯罪处理,在刑事政策和法理上也没有问题。

---

① 例如,20 世纪 80 年代在山东、河南的一些偏远地区曾经出现过明码标价的人口买卖集市,使用拍卖行报价的方式,那种场合下不能排除可能会存在这种"善意收买"的情形。参见谢致红、贾鲁生:《古老的罪恶——拐卖妇女纪实》,浙江文艺出版社 1989 年版,第 3、7 页。

这样一来,经过充分的解释和理论的构建,《刑法》第 241 条的各个条款之间可以呈现一种协同作战的局面,形成从轻(3 年以下)到重(死刑)的刑罚结构布局,足以应对各种从最严重到最轻微甚至无罪的情形,既不会轻纵应当重罚者,也能为应当轻罚甚至无罪者留出空间。既然正义可以通过解释来实现,就没有必要非要诉诸立法。

人不如鹦鹉?

在关于收买被拐妇女罪的刑罚是否合理的讨论中,一种广为流传的观点引起了很多人的共鸣。这种观点认为,收买被拐妇女罪和拐卖妇女罪是共同对向犯,但是两者刑罚相差悬殊,与对向犯的法理不兼容。此外,当前法律对于买人的制裁力度甚至比买动物还要来得轻缓。例如,《刑法》第 341 条规定,“非法收购、运输、出售国家重点保护的珍贵、濒危野生动物及其制品的,处五年以下有期徒刑或者拘役”。于是人们感慨,“买一个女的才判 3 年,买一只鹦鹉就能判 5 年”。

首先,关于对向犯问题。刑法上的对向犯,本来就有处罚买方和不处罚买方两种情形。因此评价收买被拐妇女的行为,不能仅仅与拐卖行为相比,还要与那些刑法根本就不处罚的其他买方行为——如购买发票、购买毒品(自用)——相比,显然立法者是给予收买妇女以犯罪化的严惩。即使从共同对向犯内部来看,买方与卖方的刑罚也不存在必然相同的规律。有些相同的情形是由于,买卖双方的作用相当,都是促成了一个不得在社会上出现的违禁品在社会上流传,如买卖枪支和买卖假币,但买卖妇女的犯罪对象和法益内容显然不属于这种情况,因此不能简单类比。

其次，如上文所说，如果仅仅是着眼于第241条第1款本身，那可能会有与卖方相比，“对向双方的刑罚相差悬殊”的印象。但是，全面考虑第241条的所有条款，就会将整个收买行为综合评价为一个重罪，如果司法者能够正确理解和适用法律，就不会出现轻纵犯罪的局面。

最后，关于“买人还不如买鹦鹉判得重，因此要提高收买妇女罪的法定刑”的说法，存在方法论上的误区。

现在两个法条摆在我们面前：A法条规定买人是3年，B法条规定买鹦鹉是5年。于是人们认为A法条的刑罚太轻，只有提高了才能与B法条相协调。但是，换一个角度，为什么不可以说，问题出在B法条身上？为什么不可以主张买鹦鹉判罚太重，不应该判5年，甚至应该取消这个罪，这样一来不也协调了吗？

当我们以B法条为基准，去批判A法条刑罚太轻，因此主张修改A法条的时候，运用同样的逻辑，我们也能以A法条作为基准，来批判B法条太重，从而主张修改B法条。再如，如果以非法买卖枪支罪等法条是买卖同刑为基准，来批判拐卖妇女罪和收买妇女罪的买卖不同刑，同样会面对这样的疑问：为什么不能以买卖不同刑的立法为基准，去批评和修改买卖同刑的立法呢？都是处在一个国家刑法典里的条文，都是同样的立法者制定的，都是主张修改法条，难道各个法条之间还分高低贵贱三六九等吗？

这充分表明，在不同的法条之间进行刑罚轻重比较，来作为主张修法的依据，在方法论上是有疑问的。

收买罪的法益是人格尊严?

在主张提高收买罪刑罚的阵营中,一种观点认为,收买被拐卖妇女的行为,主要是侵害了不可交易的人的尊严。而最高刑 3 年显然是与这一宪法价值的崇高地位不相匹配的。

在收买罪的保护法益中,当然包括人的主体性或人的尊严。我之所以从预备犯角度切入是为了说明,在理解收买行为时,不能完全剥离后续的重罪内容。不能完全脱离开收买之后对女性的身心伤害,而仅仅是评价一个金钱交易行为本身。

在我看来,收买罪的罪质由两部分组成,一是对人的主体性和尊严等抽象价值的侵犯,二是预备实施的后续重罪对女性身心的伤害风险。它们都是收买罪的法益内容。

一方面,仅有预备实施的后续重罪对女性身心的伤害风险,撑不起一个收买罪。

因为并非强奸罪、非法拘禁罪的所有预备行为,都会被司法处罚或立法评价。例如,A 约 B 喝酒,计划将 B 灌醉后实施强奸、拘禁等行为。显然,约酒灌醉就是一个强奸及拘禁的预备犯,但是司法实践只会认定强奸罪和拘禁罪,不会再单独处罚灌酒行为,立法上更没有一个独立的"灌酒罪"。

那么,为什么针对被收买女性实施的强奸和拘禁,就专门立法处罚其预备行为呢?同样都是针对女性的强奸和拘禁,为什么在预备行为上厚此薄彼?这只能说明,收买方式的预备犯与其他预备犯不一样,必然有额外多出的可罚性内容,与预备犯本来的可罚性加在一起,才能在立法层面专门评价。而这个多出来的可罚性内容，正是对人的主体性和不可交易的尊严等抽象价值的侵犯。

另一方面，仅仅围绕人格尊严的抽象价值，依靠人身买卖这一交易形式本身，来确定收买罪的全部罪质和法益，这在效果和逻辑上都有疑问。

在效果方面，如上所说，若割断了收买与后续重罪的逻辑关系，试图孤立地证明一个年代久远的强奸罪，极为困难。这个困难，即使将《刑法》第 241 条第 1 款的收买罪修改为重刑，也依然存在。因此这种观点，只是在理念上强调了对女性尊严的保护，但在实际操作层面，却完全没有提供在现行法的框架下如何加大保护的方法。

在逻辑方面，社会中实存的人身交易很多，例如，卖淫嫖娼、买卖器官，都可以说是违反或侵害“人的主体性、不可交易性、人格尊严”等抽象价值。但这些买卖行为本身在刑法中都没有被犯罪化，至多作为违法评价。刑法中只有组织卖淫罪、组织出卖人体器官罪，惩罚对象也是组织行为而非单纯的买卖行为。

或有疑问说，在收买被拐卖妇女的场合，不仅是单纯的人身交易，还有作为“交易对象”的妇女处在被拐卖的被强迫状态，这和卖淫、卖血、卖器官中的双方合意是完全不同的，因此是在侵犯人格尊严的基础上，又加上了意志自由的强迫性因素，这能否构成一个完整的法益损害?

答案还是否定的。主要原因在于，被拐女性在意志自由上遭受的被强迫的损害，主要是由拐卖人制造的，而收买行为仅是承接了这个角度的风险。一个可以对比的例子是，在强迫卖淫罪的场合，同样存在作为强迫者的皮条客、被迫卖淫的女性以及嫖客的三角关系。嫖客在明知女性被迫的情况下，如果仍然强行与之发生性关系，其性行为自然构成强奸罪(就像第241条第2款的适用)。

但是，仅就嫖客向那个皮条客付出嫖资、接收卖淫女的这一交易行为本身，却不会被单独评价为一个犯罪，尽管该交易行为同样地侵犯了"人的主体性、不可交易性、人格尊严"等抽象价值，以及同样存在由皮条客施加的女性不愿意地被交易的意志自由的损害。同样的道理，一个单纯的交易行为，即使加上来自贩卖者所施加的意志被强迫的因素，也不能单独撑起一个收买罪。

因此，抽象层面的"自由和尊严不可物化、不可买卖"的核心价值或道德律令，无论讲得再如何黄钟大吕，也不能直接在具体层面证成收买罪的法益。价值理念飘浮在空中，并不能想当然地自由落体，只有经由解释方法的处理方能落地。而且，还要经过检验，能否嵌入具体构成要件中贴合在一起，才能成为一个值得深入讨论的问题。就此而言，不存在所谓道与术的分离，法教义学的旨趣就是道在术中。

"刚需"利益与重刑激励

上文是站在解释论的立场，探讨在现行法未做修改的情况下，司法者应当如何解释和适用法律，才能实现人们心中的正义。

接下来，从司法者的视角切换到立法者的视角。对立法者而言，需要在两股张力之间保持平衡，一方面追求应然的良善法律，另一方面维持法律的稳定性。只有当现有的法律框架和刑法理论确实不能有效解决问题时，才应当修法。收买妇女罪的修法，需要考虑两点：第一，现行法是否存在罪刑不相适应的问题；第二，改变现有的刑罚设置能否有效提高对潜在犯罪人的威慑，从而有效预防犯罪。

第一个问题，是要解决对已然之罪的报应。这个问题，前面通过预备犯的解释已经论证。第二个问题，则是要解决对未然之罪的预防。关键是，通过修法提高法定刑，能否实现强化威慑进而降低收买犯罪的目标？

如果能够通过加大威慑，使得买卖行为望而却步，那当然是谁都希望出现的局面了。但问题是，在收买行为已经入罪的前提下，提高刑罚的威慑作用可能没有人们想象中那么大的效果。

威慑发挥作用有三个先决条件。第一，潜在犯罪人认识和了解惩罚规则。第二，愿意并能够用了解到的信息去指引自己的行为。第三，所意识到的惩罚威胁超过了犯罪收益。但是，认知科学和行为科学的研究表明，法条文字层面的规则操作，经由传播产生行为影响，会面临很多障碍。在现实中，每一点的实现都非常困难。

第一个先决条件可以称为法律认知障碍。也就是潜在犯罪人是否会直接或者间接地认识到法律规则。在收买行为已经入罪的情况下，法定刑的提高是“从 1 到 2”，而不是像犯罪化那样是“从 0 到 1”。如果说潜在犯罪人对于收买妇女构成犯罪这一“从 0 到 1”的法律规则都是无知的，那么，“从 1 到 2”的文字改变，就更加无法有助于任何跨越此一认知障碍。显然，克服这一障碍增进威慑的办法，是加大对于边远山区的普法力度，而不是修改法律。

说白了，面对失聪者（聋人），加大喇叭音量的做法毫无意义，重要的是，要走到他面前，通过手语的方式，把要表达的意思让其知晓。

威慑原则发挥作用的第二道门槛是理性选择障碍。假设潜在犯罪人明白法律对他的含义，但是他能否带着这种理解去影响自己的行为选择，仍然是一个很大的障碍。

现有的犯罪学研究成果显示，理性选择障碍的难以跨越，通常和特定犯罪类型的犯罪人特点密切相关。社会学的研究成果表明，实施收买妇女犯罪的行为人，绝大多数身处某些农村地区，教育程度、心理状况以及周边环境等多种因素交织作用，此类犯罪人不太符合威慑论主张者设想的那种能够控制自己的行为冲动和欲望，对利弊作出精细的算计和分析的理性人，而是本来就深陷在愚昧落后的泥沼中、难以运用自身理性、缺乏根据信息充分评估后决策的能力的待启蒙者。

在面对有可能解决自身欲望、娶妻生子、传宗接代的巨大机会面前，指望潜在犯罪人充分运用理性，克制住自身的欲望和冲动，不应报太高的期待。要拆解这部分潜在犯罪人的理性选择障碍，最有效的方式仍然是通过长期深入的教育和经济发展，提高其自身的理性认知能力。相反，试图在现行刑罚基础上再增加几年，很难推动他们越过理性认知障碍。

影响威慑的第三点是盈亏认识障碍。它指的是潜在犯罪人对于自己估算的犯罪成本，与自己预期的犯罪收益之间的盈亏，存在认知障碍。在犯罪成本认知方面，制裁可能性或者说抓捕率，以及犯罪与惩罚之间延迟问题，都不可能通过提高法定刑的方式得以解决。当然，加大惩罚力度，肯定意味着成本的提高。但也要顾虑到威慑的边际效应递减。特别是，当收买行为本身就达到了非常高的刑罚尺度时，为了逃避惩罚，实施更严重的杀害或造成对方自杀等行为，反而可能成为他的一个理性选择。

关于犯罪人对自身收益的评估，首先需要明确的是收买妇女的犯罪人特征。这是一群“长期忍受性饥渴的折磨、忍受着寂寞和孤独的熬煎、忍受着断子绝孙的恐惧的男人”。[①] 对于这些人来说，买媳妇结婚生子的利益，对他来说可能是必须要实现的“刚需”。这里所谓“刚需”，是在描述一个事实而不是作出价值评判。

这里不妨在拐卖者的利益和收买者的利益之间做个权衡。与收买行为不同，实践中对于拐卖行为的打击力度，向来是从严的。无论是立法上的死刑设置，还是执法时的严打，拐卖者面对的犯罪成本不可谓不大。

现在假设一个人贩子 A，面对严酷的惩罚仍然铤而走险，是因为在他眼中，出卖一个被拐女性所得到的 5 万元的犯罪收益，大过了他所评估的犯罪成本。而买下这个妇女的收买者 B，通过向人贩子 A 付出 5 万元的代价，买下了该妇女，是因为在他眼中，收买一个女性做媳妇满足性欲和传宗接代的犯罪收益，大过了他付出的 5 万元成本。

尽管 A 和 B 不是同一人，但是相对于其他守法公民和其他类型的犯罪人而言，拐卖者与收买者显然有更多的相同点，在利弊衡量的价值

---

① 谢致红、贾鲁生：《古老的罪恶——拐卖妇女纪实》，浙江文艺出版社 1989 年版，第 7 页。

观上,或者说在成本收益核算的标准上,可以把 A 约等于 B。由此就可以得到一条利益权衡的链条,在这个链条中,买媳妇的利益超过了 5 万元的利益,而 5 万元的利益又超过了死刑的威慑。

在这种情况下,即使把收买罪的刑罚上限提升到和拐卖罪一样的强度,也难以改变这个单箭头的方向。当一个利益足够大且成为"刚需",而被严惩的概率又足够小的时候,就算把纸面上的刑罚提得再高,潜在犯罪人的反应也是迟钝的。有效的做法只能是回到源头,改变那个收买者眼中的利益评价体系。只有在他的价值体系中,买媳妇并非"刚需"时,重刑激励才可能让他在犯罪成本和收益的评估上面发生动摇和改变。

总而言之,刑罚要对潜在的犯罪人发挥威慑作用,需要满足潜在犯罪人不存在法律认知障碍、理性选择障碍、盈亏认知障碍这三个条件。而在收买被拐卖妇女罪的立法问题上,单纯提高刑罚上限,无助于实现上述三个障碍的跨越,重刑并不会收到如一般公众所想象的效果。

基层执法者的行动逻辑

接下来,再说说为什么会出现买方"被严惩的概率足够小"的问题。

网上有一篇文章,《对收买被拐卖的妇女罪司法实况的概要分析——以 400 份判决书为观察对象》,这篇文章收集数据很细致,为关心这一议题的人们提供了资料。文中有这样的结论:

"收买被拐卖的妇女罪与强奸罪并罚,以及收买被拐卖的妇女罪与非法拘禁罪并罚的判决有是有,但是占比例很小,绝大部分案件仅判决构成收买被拐卖的妇女罪，刑罚轻缓，为一年左右，从而貌似更加顺理成章地适用缓刑。”

对此，可能会有这样的疑问：如果说收买被拐妇女罪必然会引出强奸罪、伤害罪、非法拘禁罪等后续重罪，那为什么这些判决书中却没有体现出来呢？这是不是说明，不能指望后续的重罪来评价，还是应当提高收买行为的基本刑呢？

问题在于，人们有没有想过，这些收买被拐妇女罪的判决书，没有出现判强奸罪、伤害罪和非法拘禁罪的，那是为什么呢？是因为实际没有发生这些罪行吗？排除那些自愿嫁入当地的情形，剩下这些判决都是以真正被强迫拐卖的女性为被害人的，那为什么在女性不愿意的情况下，没有出现强奸、拘禁和殴打行为呢？

真的会出现那么多尊重女性意愿、即使花了钱也绝不强迫女性甚至连对方要走也不阻拦的收买者，因而没有触犯到那些重罪？也许会有一些。但是，如果大量判决书显示有这么多老实善良的收买者，我是不太相信的。

面对拐卖和收买妇女这种地方性特点极其显著的犯罪，不可能依靠这些纸面上的判决书，就能得到全部的事实真相。当然这里也没有别的方法，只能是一种推测。

排除掉女性自愿以及老实人花钱之后一个手指头都不碰对方的案例之外，我猜测肯定还存在大量的违背女性意愿的强奸、殴打和拘禁的情形，但是，当地办案人员与案发地居民在文化和法律观念上合为一体，官民相护，即使案发后不得不办，但面对各种障碍、约束和顾虑，也很可能基于敷衍甚至掩护的态度，在“执法黑箱”中放大了证据追查的困难并以此为由，放过了对后续重罪的追究。

落后的文化观念、淡薄的人权意识以及对婚姻家庭男女等问题的社会偏见，构成了一个基层执法者也身处其中的历史、文化、利害相互纠缠的“盲山”共同体。收买妇女的犯罪人以及当地的执法者，他们的认知都不可避免地处在这个“盲山”的笼罩之下。收买女性案发当地的执法者，与一些大城市中的执法者，对于“买媳妇”这种罪恶的认知和理解，可能有比较大的差异。

何况还有各种利害关系的纠缠。很难指望与收买者历史地、文化地共同生活在同一地区的办案人员去下狠手从重打击，因为那些买方原本就是当地熟人社会网络中的一员，同样生活在当地的办案人员，会不会宁可众叛亲离也要严打呢？我是怀疑的。我更相信的是，即使因为女方亲属来寻或媒体曝光等原因案发，不得不办理，办案人员也没有强烈的正义动机再去认定强奸、拘禁等重罪，最后也就是按照收买行为的轻刑去处理了，而且往往是搞个缓刑。

再加上，安置被解救女性及其孩子的救济机制未能妥善形成，很多现实问题难以解决，都会形成实际执法时的顾忌和障碍。这就是我对为什么会有那么多判决书对收买人轻判甚至缓刑这一现象的理解。

假如上面的推测和理解能够成立，在《刑法》第241条明确规定数罪并罚且事实上也发生了数罪的情况下，当地办案机关掩护收买者，仅按照轻罪判缓了事，这还是立法的问题吗？

中国社会只要一出问题，大家就开始反思立法，这是连小学生都能写的作文。但是,问题往往不在于立法,不在于纸面上的法律,而在于行动中的法律;不在于纸面上的刑罚设置有多高,而在于案发的概率和实际执法的力度。

立法不是万能药。法律系统包括立法、执法、守法和司法等各个环节,它们之间的关系复杂,相互间有张力也有正反作用力,有时候还会出现互相牵制的局面,甚至是此消彼长的现象。法律系统的社会治理,并不像一些善意的愿望那么简单,以为只要多管齐下多措并举,就总是会有些微进步,或者认为即使执法层面有问题,先修改法律也能有所效果。

相反,如果未能先梳理好具体问题上的立法和执法的关系,实际效果反而有可能适得其反。有时候制度设计初衷很好,最后有可能走向它的反面。中国社会治理的历史上千年了,这方面的经验教训并不鲜见。

因此,在收买被拐卖妇女的问题上,首要任务是加强和改善执法。如果不打破"执法黑箱",不破解黑箱内部的逻辑,无论是解释论上多么圆满,还是立法论上多么奋进,都于事无补。甚至,急于改一个立法指令输入进去,输出的结果可能比原来更糟。

主张修法加重处罚买方的人们,有没有想过,如果在执法环境未得到改善的情况下,在立法上把收买行为的基本刑提高到10年以上甚至死刑,会出现什么样的后果?当地办案机关会怎么应对?还是同样的一批办案人员,脑海中是同样的办案观念和掩护逻辑,面对新法会怎么处理?

完全可能出现的一种结果就是,就连最基本的收买行为也不判了,仅做个治安拘留处理,或者做个买方没有阻碍解救或返回原住地之类的认定，减轻处罚，不了了之。

把收买行为在纸面上提升为重刑，满足的只是公众义愤感，还可能倒逼出更坏的结果，那就是当地执法者面对一个“居高不下”的起步刑，可能连定罪都不定了，甚至连解救都不解救了，因为立案就意味着把本地人往死里整，结下世仇，可能在当地都混不下去了。

于是，案件被遮蔽下去，被拐女性再也看不见解救希望。这种预想中的结果，可能会出现，也可能不会。但是在执法问题未解决之前，立法者不应当轻易冒这个风险，因为风险现实化的后果承受者，不是我们提立法建议的人，而是那些已经处在被拐卖和被收买状态的女性。

在我看来，任何一个宏观层面的制度设计，包括立法的修改和调整，都要考虑到具体执行层面执法者的行动逻辑，以及由此导致的可能完全背离立法者初衷的结果。如果不考虑这些，那并不是真正地关心被拐妇女，而只是顾着纸面上发泄怒火和表达良知。

口头的正义永远是最廉价的正义。与改变基层执法现状相比，呼吁改变纸面条文，那自然是容易多了。问题是，“上有政策下有对策”，立法者能改变法条，就能逼出基层执法者新的行动策略。

就算没吃过猪肉也看过猪跑。再不通晓世事的人，在媒体报道或影视作品中，也能了解到解救工作的困难。在基层执法观念和环境未得到全面改善的情况下（意味着解释论上的数罪并罚方案实际上也难以普遍实现），现在的“三年以下有期徒刑、拘役或者管制”，实际上是给了部分有良知操守的办案人员一条能走通的暗路。他既可以去努力解救被拐妇女，也可以拿捏惩罚的尺寸而不必与当地人结下深仇，他才可能有动机去办案，去实现公众吁求的社会正义。

但是，如果在执法问题未解决之前，贸然把收买行为的法定刑提得太高，最后很可能会逼出更多的犯罪黑数，实际上将会有更多的被拐妇女永不得被解救，因为她的被解救，就意味着买方的重判，那时就一定会有无形的大手罩着这一切，永远不让其逃脱，永远不让案发的局面出现。

现在，再回过头来看那些没有挂上强奸、伤害等重罪的判决书，你还会认为，这是由于收买行为的立法不到位吗？很可能是，修法之后刑期提上去了，最后能在裁判文书网上查到的收买被拐妇女罪的判例越来越少了。

然后人们就会欢呼这是法律的胜利，吓得那些光棍再也不敢买媳妇了。但，有没有想过另外一个细思恐极的可能性：判决越来越少，会不会是实际上的犯罪黑数越来越大？

这真的是我们期待看到的正义吗？

法律的有限性与责任伦理

本文的讨论，首先是站在一个法律人的立场上展开的。一个法律人的思维习惯，首先是想，在现行立法框架内，能不能合理地解决这个问题，如果司法和执法环节，都能够切实按照法律来的话。

法律人与其他专业人士的一个区别可能在于，除非是法律存在令人难以忍受的巨大缺陷或漏洞，否则，不会毫无负担地轻易地提出修法。面对一个正在生效的法律条文，就像面对已经出生的孩子一样，不可能因为发现了一点问题，就决意扔掉再重新生一个。每个人都有成才的空间，法律也一样，经过不断的解释和适用，会找到自己的生命之路。

因为法律人深知，法治的安定性与频繁的变法修法之间，本身就存在巨大的内在冲突和矛盾。老百姓可以完全不必理会这些，就像在店里挑选衣服一样，按其心意提出修法的主张，但是法律人不能这样。当然，在过去几十年间，理论和制度都不健全的时候，也出现过本科生论文都在动辄谈修法的现象。但是发展到今天，至少刑法学科不会再这样了。

作为一个法律人，也深知自己专业的局限性。世界上的问题，有太多并不是完全或者主要依靠法律来解决的，尤其是刑法，作为具有最后手段性特征的部门法，其实是一部打打杀杀的法律。打打杀杀的确能够吓唬人，但是作用也是有限的，否则，一部刑法治天下，这个社会早就海晏河清了。

可以理解的是，一遇到令人愤怒的社会问题，公众七嘴八舌，但最后的主旋律往往是呼吁刑法严打。的确，没有比把令人厌恶和痛恨的对象弄死，更能消除愤怒的渠道了。但是刑法不能总是想着挺身而出承担这个泄愤的功能。因为泄愤从来不是解决问题的真正有效的办法。

拐卖妇女儿童，是人类社会中丑恶的现象之一。不赞成修法，并不意味着我不痛恨这种行为，只是认为那不是有效的办法而已。

因为这种犯罪的本质，是愚昧落后的问题，而解决愚昧问题，不能完全甚至不能主要指靠法律。

拐卖者和收买者，不把他人当人对待，首先是由于自身也没有把自己当一个真正的人。生活的贫穷，教育的落后，无法理解和认识人之为人的意义，所作所为只是旁观者眼中的震惊和罪恶，但对其自身生活而言，却成为自然而然。

只要有这样的人存在，就必须承认有些地方还处在“愚昧落后”的状态，离最低的文明底线还有距离。对此，只能靠发展和教育去改变，靠严刑峻法是不能让他脱离愚弱的。

在相对富裕的地方，生活水平和教育水平都较为发达的地方，如北上广，就很难想象有拐卖收买这种事情，那并不是因为北上广施行了比偏远农村更加严苛的刑法。即使同样在农村，受过教育、生活脱离了贫苦线的农村男性，他同样有对美好爱情和幸福家庭生活的想象和向往，你就算倒过来，用刑罚逼着让他去买一个被拐卖的老婆，他可能也未必愿意屈从。

F县事件报道出来，人们感到特别震惊和愤怒，是因为与自己的生活环境相比，没想到今天还会有这样的事情。但是，那些愚昧落后的地方，就活生生地存在，那些人也是中国的老百姓。无论我们想没想到，愤不愤怒，那都是当地的一群老百姓的生活常态和习以为常的三观。

孟德斯鸠早就说过，对没有认识到羞耻者施加重刑，效果和意义都是有限的。民智未开的问题，主要是靠发展和教育来解决。在这个过程中，法律当然也会积极地发挥作用，但是也要摆正自己的位置，不可能指望依靠立法修法一蹴而就地解决问题。

美国的废奴运动开始于200年前，但时至今日，恐怕“汤姆叔叔”也未必就完全走出了他的小屋，种族歧视仍然是美国无法回避的社会毒瘤之一。作为一个经济、文化、教育发展不均衡的发展中国家，中国的人口拐卖问题，有着更加复杂和沉重的历史包袱、文明洼地和观念障碍，要走出“盲山”，更是一场旷日持久的战争，绝非一朝一夕可至。它不是经由个案引发的舆情愤怒，推动一个立法条文修改，就能有所奏效的问题。果真能如此简单迅捷，就没有必要以国家的名义，再发布一个要从2021年持续到2030年的《中国反对拐卖人口行动计划》了。

在拐卖妇女儿童的问题上，需要承认这个发展中国家面对的现实，以务实的态度，关键是持之以恒地努力地一点点地清除它，要做好与这些陋习和罪恶长期共存和坚持斗争的心理准备。

每一位真诚热忱关注社会改革的人，都是在以自己的方式，积极参与到这个社会的政治生活之中。最后我愿以韦伯《以政治为业》的演讲与诸君共勉。

“恪守信念伦理的行为，也就是宗教意义上的‘基督行公正，让上帝管结果’和那种追寻责任伦理的行为，即必须要顾及自己行动的可能后果，这两者之间有着极其深刻的对立……由于纯洁的信念所引起的行为导致了罪恶的后果，那么在这个行动者（一个衷心服膺信念伦理的人）看来，罪责不在于他，而在于这个世界，在于人们的愚蠢，或者在于上帝的意志让他如此……一个秉持信念伦理的信徒，他所谓的责任仅仅是盯住信念之火，不要让它熄灭，使火焰不停地燃烧，这种行为只能，也应当仅具有楷模的价值。

“但是，信奉责任伦理的人就会考虑到人们身上习见的缺点，就像费希特所说的那样，他没有丝毫的权利去假定人类都是善良和完美的，他不会以为自己所处的位置使他可以让别人来承担他自己行为所产生的后果。如果他已经预见到这一后果的话，那么他会说，这些后果归因于我的行为。”

在韦伯看来，以政治为业者应当秉持责任伦理而非信念伦理。在他眼中，那些信念伦理至上的政治家值得警惕，“我十有八九是在同一些空话连篇的人打交道，他们对于自己所承担的事，并没有充分的认识，他们不过是让自己陶醉在一种浪漫情怀之中而已。从人性的角度看，这既引不起我的兴趣，也不会把我深深打动”。

“能够深深打动人心的，是一个成熟的人（无论年龄大小），他意识到了对自己行为后果的责任，真正发自内心地感受着这一责任。然后他遵照责任伦理采取行动，在做到一定的时候，他说：‘这就是我的立场，我只能如此。’这才是真正符合人性的、令人感动的表现。我们每一个人，只要精神尚未死亡，就必须明白，我们都有可能在某时某刻走到这样一个位置上。”

四

刑民行交叉，如何厘清边界

⑬ 摆射击游戏摊，是不是非法持有枪支罪？

导读

60岁的熊老汉从J城化工厂下岗后，为了生计，用3000元钱从他人手中盘下了一套射击打气球的装备，在街头摆射击游戏摊。两个月后被警方查处。警方认为，熊老汉摆摊使用的6支枪形物符合现行枪支标准。法院以非法持有枪支罪判处熊老汉有期徒刑三年，缓期三年执行。

熊老汉非法持枪案，暴露出近年来一系列涉枪案件认定的共性问题。当前枪支的认定标准是否合理？枪支对于公共安全的危害性，在于实际杀伤力还是暴力形象？作为一种人民群众喜闻乐见的娱乐形式，因摆射击摊而“持枪”，是否还应被评价为“非法”？而熊老汉声称自己完全没想到摆摊用的气枪居然是法律意义上的“枪支”，这种错误的性质和法律后果又是什么？

因与人们的通常观念和情感认知明显相悖，熊老汉案引发了公众的普遍关注和强烈质疑。当法律适用与大众朴素的正义直觉发生冲突时，法律人应如何抉择？在回应公众正义感与避免“舆论审判”之间，司法者路在何方？

60 岁的熊老汉摆射击摊，被判非法持有枪支罪，已经成为 J 城街谈巷议的一桩大案。法律人聚会时，大家不就这个案子发表一下感慨，好像都不好意思社交。

不过，铺天盖地的舆论，似乎都牢牢地被引导认为，这个案子被定罪的主要问题，就是公安部的枪支认定标准过低。相比之下，作为定罪根据的《刑法》第 128 条非法持枪罪本身，并没有得到真正充分的讨论。

枪支认定标准的高低，本质上是禁枪尺度的问题。在我们这样一个社会，连打嘴仗和打飞机的禁止尺度，都没有整明白，还去讨论打真枪的禁止尺度，有点浪漫主义了。

但是我的确关心这个案子。不仅是关心熊老汉的命运，也关心他以及相似命运者与《刑法》第 128 条非法持有枪支罪之间，到底应当发生怎样的关系。

接下来，就结合这个案件，讨论法律人应当如何理解“持有”、“枪支”与“非法”。

持有枪支与持有毒品的异同

首先来看非法持有枪支罪的“持有”。“持有”一般是指在事实上控制和支配着对象的行为。在本案中，熊老汉作为射击游戏摊的摊主，在事实上控制和支配着涉案的 6 支气枪。这样看来，认定熊老汉的行为构成持有，似乎并无疑问。

但是，事实上的控制和支配，这只是用文义解释划定了“持有”的边界。在此范围之内，往往还需要借助其他解释方法进行限缩。在此，不妨先看一下刑法中其他“持有型”犯罪，例如，《刑法》第 348 条规定的非法持有毒品罪。

关于非法持有毒品罪的立法原意，全国人大常委会法工委作出过明确说明。

设置本罪，是“由于毒品犯罪的复杂性和隐蔽性，实践中查获的一些非法持有毒品者，虽然具有走私、贩卖、运输、制造毒品的可能性，同时还存在为他人（指走私、贩卖、运输、制造毒品的犯罪分子）窝藏毒品等其他的可能性，但司法机关并未掌握这种证据或者是在有些情况下难以查明相关证据，为了不使涉毒犯罪分子逃避法律的惩处，也考虑到罪刑相适应的要求，因而本条对对非法持有毒品的犯罪作了单独规定”。

由此可见，《刑法》第 348 条的立法原意，并非要惩罚所有的持有毒品的行为，而仅仅是为了堵截性地惩罚那些在证据上难以查清持有毒品目的和用途的持有行为。

相反，如果有确实充分的证据证明，毒品持有人持有毒品完全是为了自己吸食或他人吸食，而与走私、贩卖、运输、制造、窝藏毒品的犯罪无关，对于这种持有行为，原则上就应该被排除于非法持有毒品罪的惩罚范围。

接下来，很自然的逻辑就是，枪支和毒品都属于违禁品，围绕着枪支和毒品，刑法典都规定了制造、买卖、运输、持有等一系列行为。那么，在理解非法持有枪支罪中的“持有”时，能否像解释非法持有毒品罪那样，用历史解释和体系解释去加以限制呢？

如果回答是肯定的，同样的逻辑，把非法持有枪支罪也理解为涉枪犯罪的堵截性条款,就会得出下面的结论:该罪的“持有”范围,应当限于那些在证据上难以查清持枪目的而有涉枪犯罪嫌疑的持有行为。

相反,如果能够确定无疑地证明,持枪用途与违法犯罪无关,例如,熊老汉就是专门为了摆设摊位供射击气球的游戏使用,那么,这种持有,就不属于第128条意义上的“持有”。

但是,这样的推理,可能会遭遇下面的质疑。一个持有AK-47的人,难道仅仅因为能证明其持枪目的确实是自娱收藏,就可以排除非法持有枪支罪?这样的结论在刑事政策上让人感到不安。但是,为什么在非法持有毒品罪的场合被认可的逻辑,在非法持有枪支罪的场合,就感觉不妥当了呢?同是持有型犯罪的,持有对象都是违禁品,这其中差异的原因何在?

要回答这一令人困扰的问题,需要仔细揣摩持有型犯罪的立法原意。

如前所述,立法者规定持有型犯罪,一是为了降低证明已然之罪的负担,二是为了预防实施未然之罪的预备。因此,持有型犯罪的“持有”承担着双重检验功能。

由此出发反观两罪,就会发现,恰恰是由于毒品和枪支之间的差异,影响持有毒品与持有枪支这两种持有状态的差异。即使同样能够证明都是持有者自用,却不能同样地实现上述立法目的。特别是在消除预备实施未然之罪的可能性这一点上,自吸毒品者的持有与自用枪支者的持有不能等量齐观。

毒品是一次性的消耗品。在能够证明行为人持有毒品系用于自己吸食的情况下,被消耗的毒品就不可能再用于实施毒品犯罪,进而也就排除了预备实施未然之罪的可能性。在这种情况下,自吸毒品者的持有,既不是上游犯罪的结果,也无法再用于下游犯罪的预备,它也就承受住了非法持有毒品罪的“持有”承担的双重功能的检验,应当被排除出构成要件之外。

但是,枪支与毒品不同。即使能够证明行为人持有枪支不是实施上游犯罪的结果,而是纯粹用于自娱或收藏,但行为人在使用枪支自娱的同时,也完全可能将枪支用于违法犯罪活动。这种自娱或收藏,本身并不能排除将枪支用于实施未然之罪的可能性。

枪支不是一次性的消耗品。它不会因为曾经用于游戏自娱,就无法再用于持枪抢劫。用枪自娱与用枪犯罪之间不存在互斥关系,不同的用途可以并存。不能因为证明了前者,就否定了后者。

在这种情况下,即使能够证明持枪是基于娱乐、收藏、射击摆摊等自己使用的目的,但是,它却不能像毒品自吸者的持有那样,由此就排除预备实施未然之罪的可能性。

因此,无论是作为射击游戏摊摊主的熊老汉的谋生式持有,还是一个枪支爱好者的收藏性持有,在认定非法持有枪支罪的构成要件时,都无法摆脱“持有”的认定。

因此,熊老汉作为射击游戏摊的摊主,在事实上控制和支配着涉案的6支气枪。在对他的持枪行为进行构成要件该当性检验时,“持有”这一要素是难以否定的。

枪支认定的法律依据

接下来,再说说非法持有枪支罪的“枪支”。“枪支”的认定标准,是本案最受舆论关注的焦点。《枪支管理法》第46条规定,“本法所称枪支,是指以火药或者压缩气体等为动力,利用管状器具发射金属弹丸或者其他物质,足以致人伤亡或者丧失知觉的各种枪支”。公安部2008年发布实施的《枪支致伤力的法庭科学鉴定判据》(以下简称《判据》)规定,“未造成人员伤亡的非制式枪支致伤力判据为枪口比动能1.8焦耳/平方厘米”。2010年《公安机关涉案枪支弹药性能鉴定工作规定》(以下简称《规定》)进一步明确,“能发射制式弹药的非制式枪支,当所发射弹丸的枪口比动能大于等于1.8焦耳/平方厘米时,一律认定为枪支”。

首先引起讨论的问题是,法院能否依据公安部的规定直接认定“枪支”?《刑法》第128条规定的是“违反枪支管理规定”,由此连接到《枪支管理法》第48条规定,枪支应当符合“足以致人伤亡或者丧失知觉”的条件。除此之外,《枪支管理法》并未规定更明确的认定标准。那么,法院在审理涉枪案件时,是独立地对涉案枪支是否“足以致人伤亡或者丧失知觉”进行实质性判断,还是参照适用公安部制定的统一标准予以形式上的认定?

从法律位阶来看,《判据》和《规定》均系公安部内部文件,位阶较低,对法院没有必须适用的强制约束力。但是,法院在个案中参照适用上述规定的做法,也并无不当。

一方面,有参照适用的合法性。在《枪支管理法》仅作出原则性规定而把具体管理工作授权给公安部门时,公安部作为枪支管理主管部门,有权制定非制式枪支的具体标准。而法院在个案中在对枪支鉴定时参照该具体标准,实际上就是依据《枪支管理法》进行枪支鉴定的一种方式。

另一方面,有参照适用的必要性。如果各地法院搁置公安部的枪支标准,在涉枪案件中个别化地鉴定每一支枪是否“足以致人伤亡或者丧失知觉”,既难以在技术上准确实现,同时会严重影响枪支管理的法制统一性。因此,法院在枪支鉴定时参照适用《判据》和《规定》,至少在法律适用的形式层面并无错误。

杀伤力是禁止持枪的核心理由吗

值得进一步探讨的问题是,这种适用是否具备实质合理性?

一种批评的观点认为,公安部制定的1.8焦耳/平方厘米的标准,达不到《枪支管理法》第48条规定的“足以致人伤亡或者丧失知觉”的程度。

据悉,这一标准主要是以眼睛作为人体要害部位,来检验和制定致伤标准。在10—20厘米距离内,当枪形物所发射弹丸的枪口比动能大于等于1.8焦耳/平方厘米时,就足以造成眼睛的伤残,因而将1.8焦耳/平方厘米作为认定枪支的标准。

对此,反对意见提出,在这样的距离内,使用弹弓、石头、甚至手机、钢笔攻击,都可能超过1.8焦耳/平方厘米的标准,都足以造成眼睛这么脆弱的人体部位的伤害,若要把这些器物都认定为枪支或者都禁止使用,实属荒谬。因此,1.8焦耳/平方厘米的标准的制定理由是不科学不合理的。

但是，这种反驳并不适当。因为无论是将枪支认定标准恢复到多年之前的16焦耳/平方厘米，还是将攻击对象由眼睛更换为其他人体部位，抑或将测试距离由10—20厘米扩大到更远的距离，上述归谬逻辑都同样适用。

可以说，在任何一种枪支认定标准之下，人们总是可以找到其他不会被指称为“枪”的替代物，或者某种不会被认定为“射击”的攻击方式，来达到枪支所能达到的伤害程度。因此，通过与其他物体比较攻击能力和伤害程度，并不能令人信服地导出枪支认定标准合理与否的结论。

另一种反对观点认为，行政法意义上的枪不同于刑法上的枪。后者的标准应当要比前者为高，具言之，刑法上的“枪支”应当限缩解释为“具有致人重伤或死亡的可能性”。而“1.8焦耳/平方厘米”显然达不到这个标准。这种几乎没有杀伤力的枪，不属于第128条意义上的“枪支”。①

但是，这种观点与前一种观点一样，包含了类似的逻辑瑕疵：即使是以达到致人重伤或死亡的程度为标准，一样能够找到同等攻击能力的工具；但立法者和普通人都不会将其称为“枪”。这就引出一个更深层次

① 从枪支的客观致伤力去解释涉枪犯罪，是目前学界较为流行的观点。例如，在认定“持枪抢劫”的场合，一些学者认为这里的“枪”限于“能发射子弹的真枪”而将仿真枪排除在外，因为“仿真枪毕竟不是真枪，不具有杀伤力，不会造成被害人的伤亡。而在持真枪的场合，因真枪具有强于刀具、棍棒等器械的杀伤力，故易造成被害人的伤亡”。参见陈兴良、周光权：《刑法学的现代展开》，中国人民大学出版社2006年版，第604页；张明楷：《刑法学》，法律出版社2017年版，第994页。

的思考:为什么要禁止非法持枪?刑法为什么要设置非法持枪罪?仅仅就是因为枪支的客观杀伤力吗?

这个问题乍听起来有点 too naive。不能杀人的,还能叫枪吗?但仔细想一想,答案并没那么简单。

首先,枪支不是脱缰的野马,不是自动运行的日月星辰,而是被人掌控的机械工具。枪的风险不是不可测的,而是受到持枪者的控制和支配。在子弹射出以前,要经过打开枪栓保险、子弹上膛和扣动扳机等一系列环节,这些动作都必须在持枪者具有明确的开枪意识的支配下才能完成。在持枪者不打算开枪时,子弹不可能自动出膛,枪的"杀伤力"就永远不能实现。

因此,枪支的危险不可能脱离持枪者的开枪意思。它不是一种泛泛而论的危险,而是由特定的持枪者所支配的"具体危险"。只有在持枪者开枪时,致人伤亡的危险才会出现(击中时是风险实现)。抛开具体场合,孤立地在机械学和致伤力的层面谈论一把枪的危险,就会得出持枪出警的警察也因带枪而充满"客观危险"的谬论。

其次,持枪意思不等于开枪意思。在持枪意思与开枪意思之间,充满如枪中无子弹或因其他故障无法射击等各种客观变数,也充满行为人根本不愿或不敢开枪等各种主观变数。这些变数,都完全可能使持枪与开枪成为"参商二星",永不相见。换言之,一把枪在不打算开枪甚至压根都不装子弹的持枪者手中,其"客观危险"与其他工具并无差异。

最后,如果把客观杀伤力作为枪支认定的核心因素,实际上是把持枪状态等同于开枪状态。但是,持枪有持枪的危害性,开枪有开枪的危害性。这两种状态的危害性是不同的，把开枪致人伤亡的危害性，作为认定枪支的标准和论证禁止持枪的立法理由，存在逻辑层次上的错位。

刑法上设置了不同的法条，正是体现了持枪与开枪相互独立的评价。在开枪射击的场合，完全可以根据开枪的后果作出相应的合理评价。假设万一那个原本良善的持枪者，某日杀心突起，持枪行凶，造成了致人死伤的严重后果，那自然有诸如杀人罪、伤害罪等更严重的罪名等着他，从而实现合理评价，这也不是指靠非法持枪罪能扛下来的事儿。

如上，既然不能普遍性地推定，持枪者都有开枪行凶的意思，也就意味着，非法持枪罪的立法目的不是防备持枪者本人开枪作恶。这样一来，强调非法持枪罪的“枪支”必须有实质杀伤力，还剩下什么理由呢？

可能有人会说，匹夫无罪，怀璧有罪。就算持枪者多是良民，没想着用枪作恶，但是，万一被坏人盯上了呢？如果枪支被“一小撮别有用心的人”偷走、骗走、抢走，那这把枪作为犯罪工具，到底是能致人伤亡，还是只能够“把皮肤打出个红点”，这个区别当然重要了。

这是个好理由，但也很容易被反驳。如果真的认为，惩罚持枪者的理由，在于他的持枪容易被犯罪分子利用，为坏人找到致命武器提供了机会，那么，一个没有违反枪支管理规定的合法持枪者，难道不是同样可能提供这样的机会吗？

犯罪分子不可能专门针对没有持枪证的人来偷枪。相反，倒是合法持枪者，如猎户或射击运动员等，因为枪支光明正大的露脸率高，可能更容易吸引犯罪分子注意，成为下手的对象。这样一来，设立非法持枪罪，区分非法持枪与合法持枪的意义，恐怕就更令人困惑了。

由此可见,在对枪形物进行枪支鉴定时,客观上具有强大的致伤力,仅仅是认定为枪支的一种充分条件,但不是必要条件。在解释论上,想以 1.8 焦耳/平方厘米是否会造成重大伤亡这一理由,来限缩《刑法》第 128 条中“枪支”的范围,是较为困难的。

枪支的暴力形象与公众的危惧感

到了这一步,还是先跳出“枪支的杀伤力”这个被很多人津津乐道的论据,先来看一下非法持枪罪的保护法益。

实质地解释构成要件,必须要根据法益的指导作用进行。《刑法》第 128 条属于分则第二章危害公共安全罪之下的罪名。作为保护法益,公共安全不仅仅是指不特定人实际遭受的侵害,而且包括公众的安全感是否受到威胁。与之相应地,枪对公共安全而言,重要的问题,不仅仅是枪支的实际杀伤力,还包括枪支的暴力形象给公众带来的威胁、恐慌和不安。

因此,只要符合枪支管理法的规定,且外形上足以让社会一般人认为是“真枪”,能够引发他人的危惧感,即使客观致伤力低微,也可能被认定为非法持枪罪的枪支。例如,有发射弹丸能力的高仿真枪以及攻击性较低的气枪。

上述主张,主要基于以下几点理由。

第一,在持枪但并未开枪的场合,枪支的危险形象给公众的危惧感,与该枪支实际上的致伤力大小无关。的确,枪支发射子弹的速度,以及子弹致人伤亡的概率和严重后果,都不是其他攻击工具能够比拟。但持枪问题的关键,恰恰不在于这种“客观危险”,而在于只要是对此“客观危险”稍有了解的正常人,都会在面对枪支时产生巨大的危惧感。

特别是在中国对枪支实行严格管理的现实下,枪支远离普通人的生活,也基本上排除了普通人对枪支致伤力甚至真假的鉴别能力。因此,一个出现在公共场所的持枪者,无论所持之枪的实际上致伤力是大还是小,只要足以使公众认为这是一把可以射击的真枪,就会造成公众的恐慌和不安,进而对公共安全形成威胁。

第二,区分枪的实际致伤力大小,对被害人的法益保护并无意义。当大街上走来一个拎着“枪形物”的公然持枪者时,大多数人的第一反应可能是转身就跑。大街上的普通人,不可能在反复研究迎面走来的那个持枪者,他手中枪的实际杀伤力是否会超过“1.8 焦耳/平方厘米”之后,再决定自己是否害怕和恐慌。

公众的恐惧,是在看见枪支时而不可能是在等到开枪之后才产生。换言之,枪支对公共安全的威胁和侵扰,并不是要等到子弹出膛,表露出其实际杀伤力之后才开始,而是当一支器械以“枪”的形象出现在公共场所时,就已经显示出来了。事后鉴定出枪支的枪口比动能是 1.8 焦耳/平方厘米还是 18 焦耳/平方厘米,对于事发当时陷入危惧中的公众来说,并无区别;对于非法持枪罪的所要保护的公共安全而言,也没有区别。

第三,从外部暴力形象而非实际致伤力的角度去认定枪支,可以解释持枪犯罪中的一系列难题。例如,持客观致伤力标准的学者认为,持枪抢劫的枪“仅限于能发子弹的真枪,不包括仿真枪与其他假枪,但不要求枪中装有子弹”。这就与客观致伤力的标准之间出现了矛盾。一把没有子弹可以发射的AK47,与一把装满子弹的气枪相比,恐怕还是后者的客观致伤力更大一些。

但是如果从枪支的外部形象出发,就可以合理化解这一矛盾。因为在非法持枪的场合,被害人对持枪者所持之“枪”有无子弹既不可能事先知道,也不可能去大胆预测,只要对方所持之“枪”在其眼中符合了枪支的暴力形象,对枪的畏惧而导致的惊恐感受就没有差别,至于枪中是否有子弹甚至枪支是否有故障等,就都不是重要的问题。[①]

简言之,禁止非法持枪的重点,在于枪支的高危形象会引发公众的危惧感,即使它实际上致人伤亡的能力或概率不大,这是从被害人的立场出发考虑非法持枪罪的保护法益而得出的结论。

最后,还有一点需要说明。

从我国以及其他国家的枪支鉴定标准来看,我国香港特区是7.077焦耳/平方厘米,我国台湾地区是20焦耳/平方厘米;俄罗斯是19焦耳/平方厘米;美国是21焦耳/平方厘米。与以上这些标准相比,J城现行的枪支认定标准的确是过低了。

当然,警方有权根据其对社会治安形势的理解和判断,调整禁枪的刑事政策,制定其认为必要的标准,世界上也不存在一个唯一正确的普遍性标准。但是,在目前因枪支标准过低而入罪的案件大量出现的情况下,特别是当熊老汉案这样的情形并非孤例时,主管部门有必要就枪支

① 参见车浩:《被害人视角下的“持枪抢劫”》,载《政治与法律》2010年第6期。

管理政策和枪支标准，向公众做出合理的说明。

尤其是，在2008年以前，非制式枪支鉴定标准是16焦耳/平方厘米，后调整为现在的1.8焦耳/平方厘米，不到原来标准的1/9。对此，主管部门更加需要正式说明和解释：在2008年前后，J城的治安状况和涉枪犯罪究竟出现了哪些重大变化，以至于有必要如此大幅度地修改枪支认定标准？

由于枪支认定标准关涉无数公民的行动自由，甚至涉及承担刑事责任，因此，如果没有必须修改的重大原因，那就不宜忽高忽低，差距过大，而应当给予公众一个稳定的预期。否则，对枪支标准大幅度调整而又缺乏明确合理的说明，会让公民动辄得咎，无所适从，也会让人感到公权力的任性和傲慢。

法秩序形成于历史生活，不限于成文法规范

《刑法》第128条规定，“违反枪支管理规定，非法持有、私藏枪支、弹药的”。如何理解“违反枪支管理规定”与“非法”的关系？对此，关注的人似乎不多。

但在我看来，这或许是突破困局的一个重要线索。

先来看看本案的行为方式。以摆设射击游戏摊为表现形式的持枪行为，是否属于《刑法》第128条中的“违反了枪支管理规定”？回答应该是肯定的。

《枪支管理法》第8条规定，“专门从事射击竞技体育运动的单位配置射击运动枪支，由国务院体育行政主管部门提出，由国务院公安部门审批。营业性射击场配置射击运动枪支，由省级人民政府公安机关报国务院公安部门批准”。第47条规定，“单位和个人为开展游艺活动，可以配置口径不超过4.5毫米的气步枪”。第41条规定，“违反本法规定，非法持有、私藏枪支的，依照刑法第一百六十三条的规定追究刑事责任”。《规定》第3条规定，“对不能发射制式弹药的非制式枪支，按照《枪支致伤力的法庭科学鉴定判据》(GA/T718－2007)的规定，当所发射弹丸的枪口比动能大于等于1.8焦耳/平方厘米时，一律认定为枪支”。

从熊老汉的摆摊方式及枪支来看，的确违反了枪支管理法规，不符合法律法规规定的持枪条件。问题是，违反枪支管理法规，就一定符合《刑法》第128条规定的“非法”持枪吗?

人们可能会下意识地想，“非法”能有什么可说的?不就是“违反枪支管理规定”的重复吗?不就是对于持枪的禁止性强调吗?

但这就是把本来有活路的法律，给解释死了。

为什么要在“违反枪支管理规定”之后，又多此一举地规定“非法”呢?难道是立法者担心人们不知道枪支管理法规的重要性，所以特别强调违反了相关法规就是“非法”?难道是立法者就是喜欢多余的赘述吗?

应当认为，“非法”出现在构成要件中，有独立的意义和功能。它不是“违反枪支管理规定”的同义反复或提示性的注意规定，而是在认定完“违反枪支管理规定”的基础上，进一步把持枪行为放置在整个法秩序中加以考察，来最终判断行为的违法性。

在我看来，“非法”之“法”，不是指某一项具体的法律法规，而是指整个法秩序。

为什么这么理解？因为在社会生活中，很多行为本身并不具有天然的、绝对的侵害性质和危险性，难以被轻易地被语言类型化；与之相应，也很难在立法技术上通过法条禁止某一种具体的行为模式，来达到一劳永逸的规制目标。

对此，合理的构成要件，往往会在规定一个违反具体法律的封闭性条款之后，再跟上一个开放性的、能够容纳各种成文或不成文的“非法”要素，来进行整体的、消极的违法性筛除的判断。而非法持枪罪中的持有枪支，恰恰就是这样一种需要在整个法秩序中综合判断非法性的行为类型。

在熊老汉案中，持有枪支的具体表现形式是摆射击摊位。什么是射击？它既有可能是军人在战场上的杀敌手段，也有可能指犯罪分子作案时的行凶方式，还有可能是作为老百姓娱乐文体活动的射击游戏。

事实上，作为一项广受喜爱的民间体育活动，射击游戏的风俗自古有之。15 世纪，瑞士就曾经举办过火绳枪射击比赛。500 多年前，斯堪的纳维亚半岛兴起了跑鹿射击的游戏活动。19 世纪初期，欧洲一些国家还举行过对活鸽子射击的游戏，这些都是现代射击比赛的雏形。

至于中国，就更不用说了。君王向来有围猎射击的乐趣。周时将“射”作为“六艺”教育之一，《礼记·内则》说“年十五学射御”。射是周礼的一个组成部分，“桑弧蓬矢六，射天地四方”，凡男子必须完成射的教育，“不能射是失礼和缺少才能的表现”。①

唐宋时期，射箭运动在民间广为开展。庙会、社火等集会时多有射

① 赵珩：《辕门射戟　百步穿杨》，载《光明日报》2011 年 8 月 11 日版。

箭比赛和表演，有步射也有骑射，有固定箭靶也有流动箭靶，甚至在马上以各种不同的动作完成射箭并准确中靶。

这种旧时娱戏，一直延续到今日。射击工具也从弓箭扩大到气枪。从北京城到全国各地的小县城，在街道、公园、广场上，一些人流聚集、承载文娱生活功能的公共场所中，摆射击摊打气球或者其他各种形式的射击打靶游戏，随处可见。尤其到了过年、庙会等节日时，射击摊旁，人头攒动，枪法好或手气好的，连破几个气球，围观者啧啧称叹，甚至欢呼喝彩，百姓之乐，直在其中矣。

作为一项民间和官方都广泛欢迎的体育活动，射击游戏在世界范围内喜闻乐见。从1896年第1届雅典奥运会开始，射击就是正式的比赛项目。1984年第23届奥运会上，射击运动员许海峰获得冠军，取得了中国奥运史上的第一枚金牌。在今天的世界范围内，中国已经成为在奥运会射击项目上领先的国家。

受到上述历史传统和奥运比赛的影响，国人对射击游戏颇为喜爱。从各种供高端人士出没的射击俱乐部，到供草头百姓娱乐的街头巷尾的气球射击摊，人们端起枪来，瞄准击中目标的游戏乐趣，在扣动扳机的那一刻得到极大满足。

不扯那么远了。现在回到本案。

熊老汉的持枪行为，具体来说，就是在J城街头摆设了这么一个射击摊位。它面向的对象，是那些可能消费不起高端的射击俱乐部，但是又喜欢玩射击游戏，愿意花几元钱来过过手瘾的普通百姓，为他们匆匆而过的庸常日子，提供一点物美价廉的娱乐活动。

那么,这种摆射击摊的“持枪”行为,是否违反了整体性的法秩序,从而应当被认定为第128条的“非法”呢?我个人的回答,是否定的。

刑法上的“非法”概念,所要维护的法秩序,不仅仅是各种成文法律规范的累积,而且还包括历史形成的、社会共同体成员生活在其中并共享的传统习惯和善良风俗,它们与国家的成文法一起,共同起着规范、协调、整合人们日常生活的功能。

就此而言,“非法”不是指与某一项具体法律规定相抵触,而是指与包括成文要素和不成文要素的整个法秩序不相容。

正是由于街头摊位上的射击游戏,已经成为国民文化生活传统和健康积极的娱乐体育运动的一部分,进入了普通人的日娱生活,逐渐内化为形成法秩序的土壤基础,因此,摆设游戏摊所必要的持有轻微程度致伤能力的枪支(用AK-47摆游戏摊肯定不是必要的),也被法秩序所接纳。

这种持枪形式,即使违反了实定法意义上的枪支管理规定,但是在一个以维护和增进全体国民福祉为导向的整体性的法秩序评价中,仍然可以得到正当化。它,并不是“非法”的。

行为人类型与社会相当性

我的观点,其实通过一些经典的刑法理论,也能够得到支撑性论证。

例如,规范性的行为人类型理论。在20世纪40年代,德国学者达姆曾经用类型化的方法,对构成要件中的“行为人”进行限缩性解释。达姆认为,基于挽救妇女的生命而对其实施堕胎手术的医生,不应按照堕胎罪对其惩罚。因为,这种情况下的医生,并不符合公众心目中"堕胎者"的形象。类似的情况包括,责打不听话的孩子,并不符合故意伤害罪中的"伤害者"形象;在亲友范围内传播闲话,并不符合诽谤罪中的"诽谤者"形象;等等。①

这种类型化解释的关键,在于看具体行为是否符合公众心中那种典型的行为人的行为方式,其他虽然实施了构成要件行为但是并不符合这一典型形象的行为人,则被排除出惩罚范围。按照这种解释方法,一个在街头摆设射击游戏摊来维持生计的妇女,显然不符合人们心目中"非法持枪者"的形象。

同样在20世纪40年代前后,德国学者韦尔策尔提出了社会相当性理论。在历史中形成的、属于社会生活共同体的道德体系内部的各种行为,具有社会相当性。例如,给作为国家工作人员的邮递员一些小礼物,这在人们的社会道德观念中都是被容忍和接受的。因此,这种行为从一开始就不符合构成要件,即使从法条规定的文字来看,能够将此类行为纳入。②

按照这种理论,街头的射击游戏摊,在中国人的日常生活中,就属于一种历史形成的、有广泛接受基础的群众娱乐活动。它处在一般人的社会道德观念的允许范围之内,具有社会相当性。因此,即使从形式上符合文字规定,也应当将其排除在构成要件之外。

以上种种,都是刑法上一些经典的出罪理论。虽然古老,也未过时。当然,最重要的,还是要落实到《刑法》第128条的具体解释上。

① Dahm, Der Taetertyp im Strafrecht, 1940, S. 43.

② Hans Welzel, Das deutsehe Strafreeht, 1969, S. 55f.

我觉得,应当充分挖掘法条中明确规定的“非法”二字的法理内涵,把诸多理论的说服力融贯进“非法”的要素之中,从而通过一种以法条为中心的解释技术,来回应和实现公众心目中朴素的正义感。

善意提醒,我的上述观点也具有反扑力。如果不同意,那在逻辑上,就会导出下面的结论:所有在街头射击游戏摊位上打过气枪的人,都涉嫌构成非法持枪罪。

因为,每个人在端起枪支射击时,都是在事实上支配和控制着那支枪,是不可能排除《刑法》第128条“持有”这个要素的。同时,这种枪支又符合了公安部制定的枪支标准,因而也无法排除“枪支”的要素。最后,这种在大街小巷、人流湍急的公共场所中无证持枪,显然不可能得到枪支管理法规的认可,因此,也符合“违反枪支管理规定”的要素。

于是,就出现全民皆兵的场景:所有玩过街头射击游戏的人,都符合“违反枪支管理规定”和“持有枪支”的刑法规定,都应当认定为非法持有枪支罪。但是,敢问一句司法机关,抓得过来,判得过来吗?

觉得不妥?那就对了。因为,没有人会在挑战一个自己也生活在其中的整体法秩序时,仍然感觉到“妥妥滴”。对此,唯一合理的出罪解释就是:这些在摊位上玩射击游戏的人们,与那些摆射击游戏摊位谋生的熊老汉们一样,他们的持枪,并不是“非法”的。

涵摄错误与犯罪故意

前面说的,是非法持有枪支罪的几个客观要素。最后,我想再谈一下这个案件涉及的主观错误问题。

所谓错误,就是主观认识与客观情况的不一致。[1] 它是以承认行为已经满足定罪的客观要求为前提的。也就是说,如果司法机关最终仍然认定,熊老汉的行为,客观上符合了第 128 条的客观要件,但是,熊老汉主观上对此有错误认识,应如何处理?

熊老汉及其家属都表示,“想不到自己摆摊的那个是枪……没想到摆个摊打气球是违法犯罪”。如果这种认识属实,那本案中可能存在两个认识错误,一是针对“枪支”,二是针对“非法”。

先来看第一个错误。一些观点认为,熊老汉不知道自己摆摊的气枪,属于非法持有枪支罪中的“枪支”,因此这是一个构成要件事实认识错误,应当直接排除故意。

这个说法可能有点简单化了。第 128 条中的“枪支”,实际上依赖于公安部关于枪支标准的相关规定,即以“违反枪支管理规定”为前提,因此,它不是一个纯粹事实性的要素,而是一个规范的构成要件要素。更准确地说,是一个法律评价要素。

法律人都知道,错误被分为构成要件事实认识错误与违法性认识错误两大类,对应着不同的认定规则与出罪效果。前者直接排除犯罪故意,得出无罪的结论。后者则需要考察错误的可避免性,起到减免责任的效果。

熊老汉的第一个错误认识,是不知道自己摆摊用的“枪”,属于非法持有枪支罪中的“枪支”。如果这一错误为真,则属于对构成要件中的

---

① Schönke/Schröder/Cramer/Perron, StGB Kommentar, 2014, §263, Rn. 33.

法律评价要素存在错误理解，误认为自己的行为不会满足这个要素，这在学理上被称为涵摄错误（Subsumtionsirrtum）。作为一种具体的错误类型，涵摄错误既有可能是构成要件错误，也有可能是违法性认识错误，还可能是一种不重要的刑事可罚性错误。

这取决于，行为人是否认识到了自己行为的社会意义。如果行为人虽然没有认识到标记行为的法律概念，但是已经理解了行为的社会意义，那么，这就仅仅是一个法律认识上的偏差，它不会影响故意的认定。相反，当这种法律认识的偏误，已经影响和遮蔽了他对自己行为的社会意义的理解时，这就是一个事实认识错误，直接排除故意。

在本案中，熊老汉不知道自己摆摊用的气枪违反了枪支管理法规，没有认识到，这 6 支枪已经达到了公安部规定的“1.8 焦耳/平方厘米的标准”，因而也就没想到它们属于第 128 条的“枪支”，这的确首先是一个法律认识上的错误。但是，这个法律认识错误，实际上已经影响和遮蔽了他对于自己行为的社会意义的认知。

这里涉及刑法上的“外行人领域的平行评价”理论。简言之，认定行为人的犯罪故意，不要求其准确理解法律概念的规范含义，而是理解了这些概念所要体现的社会意义内容即可。否则，就作为一个构成要件错误排除犯罪故意。

如果问一问熊老汉，你知道自己摆射击游戏摊的行为，有什么样的社会危害性吗？会让那些来玩游戏和围观的群众产生多么大的恐慌吗？会对公共安全有多么大的危害吗？他恐怕是茫然无知的。

他甚至可能会困惑：刑法禁止非法持枪，难道打击的不是那种掏出枪来，就会吓得周边人惊慌失色一哄而散的情形吗？像摆射击游戏摊这种，拿出枪来，周边人都喜形于色一拥而上来玩两把看热闹的情形，它对于社会的邪恶意义到底在哪里呢？

这种错误，已经不仅仅是一个不知道枪支管理规定方面的违法性认识错误，而是一个对《刑法》第 14 条规定的“社会危害性”缺乏认识，这就是一个足以排除故意的事实认识错误了。

针对熊老汉的主观错误的辩解，法官认为，“涉案枪支外形与制式枪支高度相似，以压缩气体为动力，能正常发射，具有一定致伤力和危险性，且不能通过正常途径购买获得，被告人对此明知，其在此情况下擅自持有，即具备犯罪故意”。

从这段话来看，法官仅仅是在强调，熊老汉认识到自己持有的是客观上具有发射功能和致伤力的枪形物，但却忽略了，熊老汉对于“持枪”所承载的社会意义内容（持枪的社会危害性）的认识。而恰恰是后者，决定了行为人是否具有非法持枪的犯罪故意。

法律错误与正义直觉

上文讨论的，是熊老汉案涉及的第一个错误问题，即没有认识到自己所持的枪形物是刑法禁止持有的“枪支”。假设熊老汉没有枪支认识错误，但是，他觉得满大街都是这种摊子，全国摆了几十年，法秩序应该是允许的，简言之，他不认为这是一个“非法”的行为，那么，这就不是一个事实错误，而是一个法律错误，或者说，一个违法性认识错误。

其实，从舆论关注的焦点来看，很多人也不是关注“枪支”问题，而是认为，因摆射击摊而持枪的行为根本算不上什么违法犯罪。这里引出两句人们耳熟能详的法谚，一个是“不知法者不为罪”，另一个是“不知法者不免责”。事实上，违法性认识错误的问题在理论和实践中处理起来的复杂程度，远远比上述看起来是斩钉截铁的两极对立要麻烦得多。特别是对当前中国社会而言，问题更为复杂。

在过去的半个多世纪，中国社会经历了从无法可依的状态到法定犯剧增的历史变迁。从新中国成立到1979年，中国没有一部刑法典，1979年之后制定了刑法典，192个条文，条文用语表达的风格，按照当时立法者的要求，是要追求简明扼要，通俗易懂，让人记住，方便全国人民学习。

既然立法追求普通人知法，普通人就应该并且能够知法，在“知法推定”的前提下，不知法本身就意味着对法律的漠视和不敬。所以，如果从学理和制度上讨论万一人们不知法犯了罪怎么办，按照当时的立法意见，这实际就是变相鼓励人们可以不知法不去学法。

其实，在1957年《刑法》第22稿中，第16条规定了法律认识错误，虽然法律认识错误不可以免责，但是可以从轻或者减轻处罚。但是，在上面的那个大背景下，这个条文在1979年出台刑法典的时候就不见踪影了，这就更加为“不知法者不免责”的司法实践传统提供了背书和基础。

不过，时代变化会带来对传统观念的冲击，特别在法定犯到来的时代背景下，“不知法者不免责”这样的司法观念越来越受到质疑。

随着在市场经济和社会管理方面带有行政附属性的刑法条文大幅增加，刑法典中法定犯的比重越来越高。仅凭普通人的生活常识，往往难以轻易认识到是否犯罪。法定犯条文增多，导致未能及时认识法律和难以认识法律的法盲数量剧增。一个人没有认识到法律,就没有办法获得不进行违法活动的动因,而谴责一个没有违法意识的人,属于缺乏正当性的不教而诛,也违反了责任主义原理。

同时,由于新闻媒体的开放性报道,在一些备受关注的案件中,被告人提出完全没想到自己的行为是犯罪,公众也支持这样的说法,但是司法人员没有顾及普通人朴素的正义直觉,没有考虑到从违法性认识错误这个技术层面去处理责任的减免问题,这就大大降低了法律的道德信誉和普通人守法约束的水平。

更有甚之,这种冲突又被进一步渲染成舆情审判与司法独立的紧张,最终导致面对批评如临大敌,司法权威逐渐削弱,犯罪控制能力不升反降。

过去几年中,类似于大学生掏鸟窝被判刑这样引起轰动的案件,已经把违法性认识错误的问题,尖锐地摆放在立法者和司法者的面前。如今,在熊老汉持枪案中,"1.8 焦耳/平方厘米"的枪支标准,以及摆射击摊打气球居然是犯罪,又一次让公众错愕。

这一堪忧的状况值得司法者深思。如果刑法适用不考虑普通人的正义直觉,就会降低它的道德信誉,也会降低普通人守法约束的水平。[①]然而,在当前的司法实践中,由于司法者缺乏对违法性认识的重视以及解决问题的技术渠道,这种冲突往往又被进一步简化和渲染成舆情审判与司法独立的紧张,最终导致司法权威的逐渐削弱,以及犯罪控制能力

① 关于大众正义直觉与公民守法约束水平的关系,参见 Tom R. Tyler, *Why People Obey the Law*, 1990, p. 65。

的整体性下降。

事实上，学界近年来已经对违法性认识错误减免责任的理论技术展开了深入的研究，[①]但是，由于缺乏立法上的明确支持，因而也并没有得到实务工作者的足够重视，以至于面对大量聚焦于法律认识错误的影响性案件，司法机关要么僵化处理，要么感到束手无策，出罪无门。

在熊老汉非法持枪案中，即使法院坚持认为熊老汉的行为符合非法持枪罪的构成要件，但是，如果法官能够考虑"熊老汉完全没想到自己的行为是违法犯罪"这一显而易见且能够被普遍接受的违法性认识错误，积极运用相关理论作出减免其责任的判决，那么，该案就不会引起后续的公众关注和民意反弹，司法机关也不会承受巨大压力，陷入被舆论批评的被动境地。

当前社会的刑事治理已经进入法定犯时代，违法性认识错误的案件必将越来越多。在违法性认识错误的研究成果已渐成积累的情况下，我们期待焦点案件形成倒逼压力，促使学界与实务界共同努力，推动理论与实践脱钩的局面发生改变。

最后，两点小感慨，作为结语。

一是建议司法机关，坚持独立审判权，不受舆论裹挟，这都是对的，但是，可以得出与舆论意见相左的结论，不意味着总是做出让公众大吃一惊的判决。这种坚持，不会提升而只会损害司法的权威与公信力。

二是法律人耳熟能详的那句话，"法律是关于公正与善良的艺术"。

---

① 参见车浩：《法定犯时代的违法性认识错误》，载《清华法学》2015 年第 4 期。

请注意,它不是说,法律是公正与善良,而是说,是关于公正与善良的艺术。对公正与善良的追求,是法律人与普通人共享的东西。朴素的正义直觉,每一个人都有,那不是法律人有别于普通人之处。而通过解释与适用法律的技艺,回应和实现公众的正义感,这才是法律人存在的价值。

⑭ 无证卖玉米，算不算非法经营罪？

导读

熊老汉有三个儿子。大儿子熊大，在未经粮食部门许可及工商行政机关核准的情况下，从周边农户手中收购玉米，并陆续卖给当地粮油公司，数额达到25万元，获利8000余元。当地法院认定熊大构成非法经营罪。半年后，最高法院指令再审本案，最终宣告熊大无罪。

熊大非法经营案，引起了社会广泛关注。最高法院将该案选为指导案例，并将其称为“用个案推动良法善治及经济行政管理领域改革”的典型。另一方面，该案从有罪到无罪的转折，也引发人们关于“非法经营罪是口袋罪”的批评。

但是，为什么立法者在废除掉投机倒把罪这只“大口袋”之后，又缝制了非法经营罪这样一只“小口袋”呢？无证收购玉米的行为，是否会侵害“社会主义市场经济秩序”这一内涵流动不居的法益？违反的又究竟是哪一项国家规定？当旧的国家规定在行为之后、审判之前，被新的国家规定所修改，法院应当如何选择适用？行政权与司法权的内部，潜藏着怎样的权力博弈？

历史、技术和权力，玉米案的背后，矗立着三重楼。

因被再审法院宣告无罪，无证收购玉米案已经尘埃落定。不过，一花一世界。透过这个案子，可以窥见的诸天神魔，远比新闻报道出来的，更加多姿多彩。

法与时转，治与世宜？

因玉米案而备受批责的非法经营罪，诞生于1997年。它是投机倒把罪的后代，简称“投二代”。

说到投机倒把罪，要追溯到1979年刑法制定，时代背景是计划经济体制。在当时，违反经济计划指令往往就意味着违反法律，情节严重者构成犯罪。根据1979年《宪法》第117条规定，

“违反金融、外汇、金银、工商管理法规，投机倒把，情节严重的，处三年以下有期徒刑或者拘役，可以并处、单处罚金或者没收财产”。

投机倒把罪织就了一张撒向金融、外汇、金银、工商等各个经济领域的刑事法网。一方面，这张法网涵盖范围之广大，使得但凡经济领域的行为几乎都可以纳入投机倒把罪的惩治范围。

另一方面，犯罪的认定权被“慷慨”地散发到刑法之外。例如，1987年9月17日国务院《投机倒把行政处罚暂行条例》第3条规定了11类投机倒把行为，对于第11项行为，即“其他扰乱社会主义经济秩序的投机倒把行为”，该条例规定，可以“由省级以上工商行政管理机关根据国家法规和政策认定”。

1979年《刑法》颁布于改革开放初期。但是，过了将近20年，到了1997年刑法修订时，时代背景已经发生了很大变化。

一方面，随着建设社会主义市场经济体制的国家思路逐步确立，越来越多曾被认定为投机倒把的行为，如长途贩运，逐渐受到经济环境的认可，成为正常的、有利于经济发展的、甚至被政策鼓励的经营活动。

另一方面，1997 年《刑法》确立了罪刑法定原则，规则明确才能保障人权的观念，开始在刑事立法和司法中浮出水面。在这种情况下，投机倒把罪被认为是一种不适应时代进步和市场转型的"口袋罪"而遭到批判。

按照 1997 年立法的关键人物、原全国人大常委会副委员长王汉斌的说法，"旧刑法关于投机倒把罪的规定比较笼统，界限不太清楚，导致执法随意性较大，在一定程度上损害了法律的严肃性和公民的合法权益"。他在全国人大的立法说明中进一步指出，

"草案根据十几年来按投机倒把罪追究刑事责任的具体行为作出规定，有些已在生产、销售伪劣商品罪、破坏金融管理秩序罪中作了规定，这次修订，在扰乱市场秩序罪中增加了对合同诈骗、非法经营专营专卖物品、买卖进出口许可证等犯罪行为的规定。不再笼统规定投机倒把罪，这样有利于避免执法的随意性。"①

在 1997 年的秋天，分解出一窝后代的投机倒把罪，终于合上了双眼，寿终正寝了。而在诸多的"投二代"中，非法经营罪由于表现活跃，格外引人注目。

它在 1997 年诞生之初，就将原《刑法》未作规定的倒卖出口许可证的行为明确纳入打击范围。之后，1999 年的《刑法》修正，又增加了一

① 王汉斌：《关于〈中华人民共和国刑法〉（修订草案）的说明》，载法律图书馆网，http://www.law-lib.com/fzdt/newshtml/20/20050812041456.htm。

项,即“未经国家有关主管部门批准,非法经营证券、期货或者保险业务”。过了10年,2009年《刑法》修正,在第三项中又增加“非法从事资金支付结算业务”作为打击对象。

应当承认,与投机倒把罪相比,非法经营罪限缩了打击范围,在明确性上有所长进。但是,遗传的力量太强大,非法经营罪与投机倒把罪之间,仍然没有斩断常为人所诟病的基因关联,这集中体现在第225条第4项规定的兜底性条款,“其他严重扰乱市场秩序的非法经营行为”。

这被认为是一个残留的口袋型规定。兜底性条款的保留,使得非法经营罪的犯罪圈具有相当的弹性,与投机倒把罪的打击范围存在某种对应关系。它似乎是在顽强地继承着前辈的遗志:誓做一只笼罩经济社会各个方面、可以随时打开装货的“小口袋”。

人们不禁要问:为什么在废除掉投机倒把罪这只“大口袋”之后,立法者又缝制了非法经营罪这样一只“小口袋”呢?

这就得回到立法者对法益的理解了。

计划与市场之间的法益

从投机倒把罪的废除,到非法经营罪的设立,折射的是计划经济消退与市场经济建立的变化过程,也反映了立法者的认识:什么样的经济秩序是值得刑法保护的法益?

从体系性地位来看,非法经营罪属于刑法分则第三章“破坏社会主义市场经济秩序罪”下的“扰乱市场秩序罪”。按此,非法经营罪的保护法益,就是“社会主义市场经济秩序”。

一方面，在完全的计划经济体制下，任何违反经济计划指令和行政审批的自由交易，都被认为是对经济秩序的恶意破坏，因此，才出现了投机倒把罪，将各种违反指令和审批的经济行为，列入刑法打击的范围。

另一方面，在彻底的市场经济体制下，除极少数特殊领域外，自由的市场交易是完全合乎经济秩序的，自由、无管制的商品交换和买卖，恰恰是这一经济秩序的主要特征。在这种情况下，无论是投机倒把罪还是非法经营罪，就丧失了存在的意义。

正是由于现阶段中国实行的“社会主义市场经济体制”，既不是完全的计划经济，也不是彻底的市场经济，因此，才会有投机倒把罪这只“大口袋”的废除，以及非法经营罪这只“小口袋”的继续存在。

更重要的是，由于“社会主义市场经济”处在彻底的计划与彻底的市场之间，因而必然会随着时代发展、社会变迁以及治理方略的调整，而“法与时俱转”地发生改变。相应地，以“社会主义市场经济秩序”作为保护法益的非法经营罪，其入罪范围也往往处于一种变动不居的状态。

自从2001年行政审批制度改革工作启动以来，已经有数千项行政审批项目被取消和调整。政府职能改革的不断深化，也使得非法经营罪所要保护的“社会主义市场秩序”，处在不断地调整之中。

任何关于非法经营罪的讨论，不能脱离开“社会主义市场经济秩序”的动态性和变化性这一背景。熊大无证收购玉米案，也是如此。

收购粮食的“社会危害性”

玉米案发生后，有些评论认为，在市场经济下，收购粮食后加价卖出，是一种自由交易的市场行为，农民收粮没有任何社会危害性，对其进行管制是完全错误的。

仅仅就熊大个案中的具体情况来说，上述说法得到了再审判决的支持。但是，这只能具体案件具体分析。以非法经营罪的立法沿革和保护法益为思考背景，回顾历史上的囤粮事件，粮食收购活动的重要性以及因此可能造成的危害性，值得认真对待。

中国历史上，政府治理囤粮居奇的事件，各朝都有。以近一点的清政府为例。嘉庆十九年(1814 年)八月十七日，给事中杨怿上《请禁奸商囤积米粮以济民食》奏折，谈及本年安徽省干旱少雨，粮价昂贵，有吕姓米商修盖仓房，每年积谷百余万石，贱买贵卖。嘉庆帝随即命人查明该商人囤积粮米数目，由官府定出价格，开仓出粜，以便粮食流通。同时谕示：如果该商人等抗违隐匿，即将粮食入官平粜，仍治以应得之罪。

更近一点，蒋经国上海“打虎”，陈云上海斗资本家，处理的都是商人囤粮居奇的问题。达式常主演的红色经典电影《难忘的战斗》，就是描写解放初期成立的粮食采购队，与所谓不法商人的囤粮进行斗争的故事。

为什么政府对囤粮居奇的行为如此重视？实是因为粮食不同于其他商品，直接关系立国之本。由于粮食供给短缺，或者粮价高涨而引发的粮食危机，可能会直接引发饥荒、骚乱乃至整个国家的动荡。粮食问题不仅是经济问题，也是政治问题，是国家安全层面的问题。

在过去十年中，全球粮食消费量一直高于产量。据统计，2002—2015 年，中国的粮食进口量增长了 780%，不可避免地依赖上海外粮食进口。越来越多的人认为,随着自然灾害频发,人口急剧增长,特别是房地产过热和城市化的加速,导致耕地面积不断下降,中国的粮食危机,已经初现端倪。

当然,仅仅依靠打击囤粮居奇这种临时性的治标手段,不可能从根本上解决粮食危机,但是,鉴于囤粮居奇的行为有可能引发或者加剧粮食危机(历史上不乏其例),历史上各个朝代,包括今天的各国政府,对此都抱有高度的警惕并储备了各种应对手段。

因此,如果在自然灾害时期,真的出现了有实力有野心的投机者,大规模地收购粮食,然后坐地抬价,牟取暴利,导致粮价波动,粮食市场出现混乱,对这种囤粮居奇的情形,非法经营罪可以派上用场。

至于说,这个有实力的投机者,平时有没有一个稳定的身份,是开着几家公司的老板,抑或手握大量拆迁房的农民,还是炒股身价过亿的大学教授,这些都不重要。

重要的是,他囤粮的数量、种类和时间,会否足以形成可能影响粮食价格波动,引发粮食市场和民心混荡的风险?

在玉米案中,最高人民法院显然是认为,熊大收购玉米的行为,远不至此,“熊大从粮农处收购玉米卖予粮库,在粮农与粮库之间起了桥梁纽带作用,没有破坏粮食流通的主渠道,没有严重扰乱市场秩序,且不具有与《刑法》第225条规定的非法经营罪前三项行为相当的社会危害性,不具有刑事处罚的必要性”。

这是一个针对个案的实质性判断。它不是否认管制粮食收购的意义,也并非认为任何粮食收购活动都没有风险,它仅仅是说,这起个案中的收粮行为，尚没有达到需要用严刑峻法进行管制的程度。

这是源于生活智慧的朴素判断。“一条小船能翻起多大浪。”一个没有什么雄厚资本和神秘背景的农民，能囤起多少粮呢？看看身边，谁会因为多买了两套房子待涨，而被追究囤房(地)居奇呢？

农民收粮是否“违反国家规定”

穿越过立法沿革与法益内涵的密林，再来看非法经营罪在玉米案中的适用。

《刑法》第225条明确规定，构成非法经营罪，以“违反国家规定”为前提，且适用第4项时，须达到“严重扰乱市场秩序”的程度。与此相应，玉米案的再审判决认为，

“被告人熊大没有办理粮食收购许可证及工商营业执照买卖玉米的事实清楚，其行为违反了当时的国家粮食流通管理有关规定……”

再审判决的认定逻辑是：熊大的行为，形式上违反了国家规定，但实质上尚不具有严重的社会危害性。

这个结论得到了众多学者和律师的评论肯定，但是，它真的靠谱吗？

先来看《刑法》第96条的规定，

“本法所称违反国家规定，是指违反全国人民代表大会及其常务委员会制定的法律和决定，国务院制定的行政法规、规定的行政措施、发布的决定和命令”。

按此，有权制定“国家规定”的，只有两个主体。一是全国人大及其常委会，制定法律和决定。二是国务院，制定行政法规、规定行政措施、

发布决定和命令。

涉及国务院这个主体，全国人大法工委的立法说明专门指出：

“‘国家规定’仅限于国务院制定的行政法规、规定的行政措施、发布的决定和命令，各级地方人民代表大会及其常务委员会制定的地方性法规，以及国务院各部委制定的规章和发布的决定和命令都不属于本法所指的国家规定。”

上述刑法规定和立法说明，均充分明确地表明：国务院的各个部委，不能成为刑法中的“国家规定”的制定主体。“国家规定”的门槛很高，只有行政法规能迈入，部门规章进不来。

《刑法》总则第96条关于“国家规定”的一般性界定，指导着对《刑法》分则第225条的理解。仅仅是违反了以国务院部委名义发布的规章、决定或命令，尚不属于“违反国家规定”，不能满足非法经营罪的适用前提。

这种严格限定，首先是从整个法律体系的效力位阶来看，部门规章处在行政法规的下一位阶。特别是对于非法经营罪而言，这种限定与它的立法沿革密不可分。

第225条第4项的“其他型”罪状规定，本就因其不明确性而屡受诟病，在这种情况下，如果再允许对“国家规定”进行类推解释，扩大规定来源的多样化程度，容许各个层次、浩如烟海的公文号令都成为“国家规定”，则非法经营罪的“小口袋”将恢复前辈的雄风，重新异化为一只“大口袋”。到那时，投机倒把罪死灰复燃，1997年修法的初衷和努力就付之东流，罪刑法定功能亦不复存焉。

正是基于这些考虑，最高人民法院于2011年发布了《关于准确理解和适用刑法中“国家规定”的有关问题的通知》，明确指出：

“‘国务院规定的行政措施’应当由国务院决定，通常以行政法规或者国务院制发文件的形式加以规定……对于违反地方性法规、部门规章的行为，不得认定为‘违反国家规定’。”

接下来，再看玉米案涉及的三份规范性文件。

第一个是《粮食流通管理条例》（以下简称《条例》），它的制定和发布主体是国务院，属于行政法规。第二个是《粮食收购资格审核管理暂行办法》（以下简称《暂行办法》），是由国家粮食局与国家工商行政管理总局在2004年联合制定下发。第三个是《粮食收购资格审核管理办法》（以下简称《办法》），由国家粮食局于2016年制定下发。后两个文件的制发主体不是国务院而是国务院下属部门，性质属于部门规章。

那么，判决书认定，熊大买卖玉米“没有办理粮食收购许可证及工商营业执照”，依据的是哪份规定呢？

2004年施行的《暂行办法》第4条规定：直接向粮食生产者收购粮食必须经县级以上粮食行政管理部门（审核机关）审核资格，取得粮食收购资格，并向工商行政管理部门（登记机关）登记。

有的评论文章，直接以违反《暂行办法》的相关规定为依据，来讨论熊大案，但是，如上所述，这是将部门规章视作刑法中的国家规定，属于明显的法律适用错误。

如果说，这个错误显而易见，那么，接下来的问题，可能就有些隐蔽和曲折，也更有意思了。

《条例》修订影响刑法适用吗

相信很多人会立即指出,不必援引《暂行办法》,就是依据2004年的《条例》,熊大的行为违反了《条例》的相关规定,而该《条例》作为国务院制发的行政法规,当然符合“国家规定”的要求。

那么,《条例》是怎么规定的呢?

2004年版《条例》第9条规定,取得粮食收购资格,并依照《公司登记管理条例》等规定办理登记的经营者,方可从事粮食收购活动。

到这儿,似乎很清楚了。很多人都会认为,《条例》规定得明明白白,要想从事粮食收购活动,必须得有资格且办理登记,而熊大无证无照,认定他“违反国家规定”,这不是秃子头上的那啥,明摆着的嘛。

但,事情并没这么简单。

在熊大案宣判两个月前,《条例》被修订后颁行了。那么,法院在审理熊大案,认定是否“违反国家规定”时,是否应当依据新修订的《条例》呢?

这个问题乍看起来,像是刑法上的“从旧兼从轻原则”,其实更为复杂。法官审理刑事案件,适用的法律根据当然只能是刑法。就《刑法》第225条的规定来看,案件审理当时与熊大行为当时是一样的,法条文字并没有发生改变。在这个意义上,刑法本身不存在“新法”与“旧法”的问题。发生变动的,仅仅是“国家规定”所指向和链接过去的《条例》而已。

那么,如果行为当时违反了行政法规,而审判时该规范发生了改变,是否影响刑法适用?在刑法理论和司法实务中,这个问题颇具争议。

否定的观点认为，刑罚兹事体大，不能恣意操控于行政机关之手，行为时已有罪者，不能因行政机关的修法行为而脱逃。对刑法来说，行政法规的变更，不是法律变更而是事实变更，因此，不牵扯到刑法上“从旧兼从轻”原则的适用。

我不赞成这种观点。前文已经回顾过非法经营罪的立法沿革，它的保护法益的半径，随着经济社会的发展和变化而改变。在立法技术上，这种“法与时转”就是通过“国家规定”的变化而实现的。

对于这种具有行政附属性的刑法条文（行政刑法）而言，行政法上的规定，不仅仅是满足行为可罚性的条件，而且是惩罚正当性的根据。

一个在审判当时已经被经济社会发展所容纳和认可的行为，仍然要链接到过去的、已经被当下认为是错误的制度和观念上去，根据那些旧的制度和观念，来认定行为违反了那些已经消逝的“国家规定”，进而认定为犯罪，这种惩罚，正当性存在疑问。

而且，它也根本实现不了刑罚的目的：既不能对行为人实现防止其再犯的特殊预防，也不能向社会传递不得从事该行为的一般预防。

还可以做一个简单的举重以明轻。一个行为性质严重的犯罪行为，如果审判时被立法者出罪化了，法官会按照有利于被告的精神来适用“从旧兼从轻”。那么，一个行为性质较轻的违法行为，如果审判时被立法者合法化了，反而不能按照有利于被告的精神去处理，这其中的道理何在？

好了。更多的发挥，留给学者们去写论文。这里只需要明确的结论是：既然熊大案一审当时，《条例》已经做出了修改，那么，只要该修改对被告人有利，就应当适用新修订的《条例》。

探寻《条例》的修法原意

接下来的问题是，新《条例》对熊大有利吗？

从法院的反应来看，无论是在判决书还是在事后接受采访，根本就没理这茬儿。法官即使不是认为应当适用旧《条例》，也是认为，《条例》的修改，对熊大案的认定没有任何影响。

不过，辩护律师不这样想。在接受媒体采访时，熊大案的辩护人表示，根据 2016 年修订后的《条例》第 9 条，农民个人收购粮食不必非得办证。

他说得对吗？我们来看看法条。

2004 年版《条例》第 9 条规定，取得粮食收购资格，并依照《公司登记管理条例》等规定办理登记的经营者，方可从事粮食收购活动。

2016 年将该条修改为，依照《公司登记管理条例》等规定办理登记的经营者，取得粮食收购资格后，方可从事粮食收购活动。

律师认为，就是这第 9 条改得关键。如果按照原来的规定，经营者必须要取得收购资格，而按照修改后的规定，只有公司经营者才需要取得该资格，个人则没有硬性要求。

这是一个很有意思的解读。它把一个乍看起来对个案没什么影响的修改，解释成是改变了必须办理收购资格的主体范围，这几乎是榨干了这个法条可能有利于辩方利益的最大空间。

之所以这样说，实是因为，对法条做如此理解，完全不是立法者的本意,而纯粹是解释者发挥主观能动性、运用解释技巧得出的产物。它与修法意图相去万里。

查询《条例》修改的官方说明,包括国家粮食局官方网站的正式解读,都可以看到修改《条例》第 9 条的目的是:将粮食收购资格认定审批事项,由工商登记前置审批改为后置审批。

白话一点就是,以前是得先办收购证,然后才给办工商登记(领取营业执照),现在是先办工商登记,再办收购证。简言之,在粮食收购的问题上,由“先证后照”改为“先照后证”。

这涉及中国政府近年来简政放权的改革背景。在原有制度框架下,创业困难的门槛之一,就是前置审批。要想开公司,得先取得主管部门的行政许可,才能去工商部门申办营业执照。这就是所谓“先证后照”。2004 年版《条例》第 9 条,规定的就是这个意思。

为了降低门槛,激发创业积极性,国务院开始推行将“先证后照”改为“先照后证”。这一波改革涉及各个部委的诸多规范性文件,《条例》是其中之一。正是在这样大背景下,2016 年修改了《条例》第 9 条,将“先证后照”改为“先照后证”。这一修改,意在调整粮食收购资格的办理顺序,至于收购资格放宽的问题,从未进入修法时的视野。

说得再直白一点,无论是先证后照,还是先照后证,第 9 条修改前后,其指向的收购主体,都得是有证有照,两样齐全,“方可从事粮食收购活动”。这,才是立法者的本意。

如此看来,律师的解释似乎是一厢情愿,或者说,只不过是为了被告人利益不惜曲解法律而已,所以法官根本没理这茬儿,好像无可指摘。

到这里该结束了，熊大无证收粮，违反《条例》这一点，没啥可说的了吧。

《办法》出招，倒逼《条例》

但不要急着下结论，在很多重大事件中，往往都会出现一些乍看起来平淡无奇的小人物，但他的某些言行，却最终对时局有深远的影响。

玉米案中，也有这样一号角色。它在谢幕之后出场，但是却掀开了一出令人回味不已、细思恐极的新戏。

没错。它就是国家粮食局于 2016 年 9 月 14 日制发的《办法》。

《办法》第 3 条增加了新条款，农民、粮食经纪人、农贸市场粮食交易者等从事粮食收购活动，无须办理粮食收购资格。

相信很多人看到这儿，会长吁一口气说，故弄玄虚半天，敢情就说这个啊。可熊大案已经结了半年之后，《办法》才出台。远水解不了近渴。再者，前面也说了，“国家规定”只能是法律或行政法规，而《办法》是部门规章，说这个有用吗？

有用，有大用了！

这个事件最有意思的地方，恰恰就在于，《办法》是一个部门规章。

正因为它是一个部门规章，所以，《办法》第 1 条明确说明，“根据新修订的《粮食流通管理条例》，制定本办法”。也就是说，国务院制定的《条例》，是国家粮食局制定《办法》的根据。《条例》是上位法，《办法》是下位法。

最关键的问题来了：下位法的制定与修改，能公然与上位法相冲突吗？

当然不行。地球人都知道的事情，国家粮食局更不会不明白。因此，一个重要的推论出来了：既然《办法》第3条明确规定了“农民收粮无需办证”，就说明，国家粮食局认为，这一条款不会与《条例》相冲突。

进一步而言，在法律位阶关系上，下位法不能对上位法作出实质修改。在《办法》明确规定部分人收粮可以无证的情况下，如果我们认为《条例》要求所有人收粮都必须办证，那么，这就意味着，《办法》对《条例》做出了一个不被允许的实质性修改。

如果我们否认有实质性修改，就必须反过来承认，《条例》本来就没有要求农民收粮必须办证。

这结论或许有点出人意料，但它是一个不含情感或价值取向的强势的逻辑反推。如果不承认这个推论，那就相当于是在说，《办法》第3条明确违反了《条例》，或者对《条例》作出实质性修改，因而无效。

可是，《办法》无效的说法，谁能接受？国家粮食局能接受吗？

人家刚刚推出的改革，明确规定农民可以无证收粮，信心满满地期待收获掌声，此时，你跳出来说这个条款是无效的？

事实上，《办法》出台后，在朝在野的确是一片点赞，各种评论争先叫好，此时，你跳出来说这个条款是无效的？

这就不仅是找国家粮食局的茬儿，而且是和简政放权的改革潮流与期待松绑的民意舆论对着干了。用老百姓的话说，这就是“不懂事”了。

因此，无论从哪个来讲，《办法》第3条必须有效。它也必须，不能被认为与《条例》相冲突，或实质修改了《条例》。也因此说明，《条例》本来就能够包含和容纳“农民可以无证收粮”的意思。至少，是留白的。

这样看来，上述那种对新修订的《条例》第9条剑走偏锋的理解，尽管可能背离了立法原意，但是在客观上，却能够有效地承接起与《办法》之间的兼容任务，更加适合时代的发展。因此，在《条例》第9条的含义上，从主观解释转向客观解释，不失为一种可取的解释路径。

综上，只要承认《办法》有效，就再也不能说，《条例》明确要求农民收粮必须有证。相应地，在这一助力下，可以将《条例》第9条解释为，收购资格的要求，仅限于办理工商登记的经营者。按此，无证收玉米的熊大，又何谈“违反国家规定”？

不过，要求原审法院得出这个结论，可能有点强人所难。毕竟，在审判当时，《办法》还没有出台。没有《办法》的反力支撑，孤立地看《条例》第9条，不要说法官，恐怕任何解释能力要上天的高手，当时也难以令人信服地突破立法原意的围剿。

小荷不露尖尖角，蜻蜓如何立上头。改革的端倪尚不明显，让法官提前做出与时代合拍的客观解释，何其难也。

但是，当2016年9月14日国家粮食局出台《办法》之后，基于上下位法之间的制约性，再回过头来看《条例》第9条，那就是一个新的天地，此时，就应当刷新对法条的解释。

可惜的是，最高人民法院在2016年12月16日的熊大案再审决定书中，仍然认为，“原审被告人没有办理粮食经营许可证和工商营业执照而进行粮食收购活动，违反了国家粮食流通管理有关规定”，这一说法，似乎没有考虑《办法》与《条例》之间的关系，以及由此对熊大案的影响。

接受最高人民法院的再审指令后，巴彦淖尔中级人民法院坚持了熊大“违反国家规定”的认定逻辑，在判决书中指出，“其行为违反了当时的国家粮食流通管理有关规定”。

转了一圈，又回到前文论述过的问题。是按照行为当时的行政法规，还是按照一审时已经修改的行政法规，来认定“违反国家规定”？法官选择前者，我认为是后者。对此，前文已经阐明，此处不再赘述。

总结如下：

第一，根据上下位法之间的关系，2016 年 9 月国家粮食局出台的《办法》，既不能与 2016 年 2 月国务院修订的新《条例》相冲突，也不能对后者作出实质性修改，否则就是无效的。

第二，《办法》第 3 条明确规定农民可以无证收粮，这条体现了简政放权的改革潮流与民心所向因而不可能无效的规定，就必然要为新《条例》所容纳，是新《条例》相关规定的进一步具体化和明确化。

第三，借助《办法》的反推力，重新理解新《条例》第 9 条的含义，应当认为，该条的修改，不仅仅是实现了从“先证后照”到“先照后证”的修法原意，而且对此可以做出符合时代精神的客观解释：从事收购粮食活动必须办证，已由过去的普遍性要求，限缩为只针对先办理工商登记的经营者，而农民、粮食经纪人、农贸市场粮食交易者，不属于该条所说的经营者的范围。

第四，为了实现刑罚目的，证成惩罚的正当性，在行政法规变动是否影响刑事责任的问题上，也应当适用“从旧兼从轻原则”。既然 2016 年《条例》修改后允许农民无证收粮，有利于被告人熊大，那么，一审法院在2016年4月审理熊大案时，就应当适用新修订的《条例》，而不能再适用行为当时的旧《条例》，来认定《刑法》第225条的“违反国家规定”。

第五，考虑到一审时《办法》尚未出台，法院基于立法原意去理解《条例》，难以苛责其适用法律的正确与否。但是，在最高人民法院作出再审决定，以及巴彦淖尔中级人民法院再审时，《办法》已经出台，法院应当重视《办法》对《条例》的影响，对于如何才是正确地适用法律，对公众作出准确的说明。

权力的游戏

绕了半天脑筋，厘清玉米案的技术问题之后，不妨再上一层楼，看看这个案子中另一道有趣的风景。那就是权力之间的纠葛、暧昧、渗透与博弈。

第一组权力游戏，发生在行政机关内部：国务院法制办 VS 国家粮食局。

2018年新一轮国务院机构改革之后，法制办职责整合不再保留，并入司法部。此前多年，它的定位是一个协助总理办理法制工作事项的办事机构。根据《法规规章备案条例》的规定，部委制定的部门规章要报国务院备案，由国务院法制办“履行备案审查监督职责”。具体审查事项包括是否超越权限、是否违反上位法规定以及内容是否适当等。

玉米案涉及的《条例》，是由国务院，或者更具体地说，由国务院法制办制定的行政法规。《办法》是由国家粮食局制定的部门规章。按照规定，国家粮食局要把《办法》报送法制办备案审查，且《办法》不得与

《条例》相抵牾,更不能对《条例》作出实质性修改。

但有意思的是,从玉米案舆论各方的反应来看,包括法官在内的绝大多数人,有意识或下意识地将《条例》与《办法》对立化:玉米案中熊大的行为违反了《条例》,但是由于《办法》的出台,从此农民无证收粮正式合法化了。

这个印象,使得国家粮食局赚足了掌声,也可能让国务院法制办有点尴尬。如果国务院法制办站出来说,《办法》与《条例》没有冲突。2016 年 2 月国务院在修订《条例》时,就已经表明了允许农民无证收粮的态度,这又与当时官方的修法说明明显不符。如果国务院法制办认为《办法》超越了权限,与《条例》存在冲突,那么,按照《法规规章备案条例》第 14 条规定,

"经审查,规章超越权限,违反法律、行政法规的规定,或者其规定不适当的,由国务院法制机构建议制定机关自行纠正;或者由国务院法制机构提出处理意见报国务院决定,并通知制定机关"。

这么干,当然有助于国务院法制办重申自己的审查权,但是不利的后果是,一来可能显示出当初审查不力的工作懈怠;二来面对简政放权的改革潮流,似乎也站在了民意和舆论的对立面。

在中国的行政体制下,一个搞法制工作的机构,要想运行畅通并不容易。玉米案中,《条例》与《办法》之间的爱恨纠缠的难言之隐,或许可以让人隐约看到冰山下的一角。

另一组权力博弈,则出现在司法机关内部:基层法官 VS 最高人民法院。

熊大案的一审法官,属于内蒙古巴彦淖尔市临河区人民法院,这个基层法院的法官,与最高人民法院之间,地位与权力之差不啻霄壤,通常应该没有人会想到去把他们联系起来。

但是,偏偏就是这么一个基层法院的法官,却让最高人民法院做出了指定巴彦淖尔中级人民法院再审的决定。

当然,再审案件虽然不多,但也不少,这本身并不稀奇。不过,在被告人熊大没有提出上诉的情况下,最高人民法院主动指定下级法院对此案再审,这就比较罕见了。

事出反常必有妖。你可以说,这是舆论倒逼的结果;也可以说,这是最高人民法院能动司法的象征;还可以说,这是最高人民法院关注个罪适用,防止非法经营罪被滥用的表态。

这些听起来都有道理,但在我看来,最高人民法院罕见的主动指令再审的背后,也隐约透露出对于自己的权力如何妥善下渗的不安。

什么权力?当然不是司法解释的制定权,那可能会遭遇地方司法文件的分羹,但不会受到基层法官的挑战。也不是针对具体个罪所制定的司法解释的影响力,那种具体的操作细则,对很多懒惰的基层法官来说,往往是求之不得。

那是什么权力呢?2011 年最高人民法院在《关于准确理解和适用刑法中“国家规定”的有关问题的通知》(以下简称《通知》)第 3 条中这样规定,

“各级人民法院审理非法经营犯罪案件,要依法严格把握刑法第二百二十五条第(四)项的适用范围。对被告人的行为是否属于刑法第二百二十五条第(四)项规定的‘其他严重扰乱市场秩序的非法经营行为’,有关司法解释未作明确规定的,应当作为法律适用问题,逐级向最高人民法院请示”。

最高人民法院下《通知》的动机,有它的良苦用心。在不明确性方面,《刑法》第225条第4项超过一般的空白罪状,被认为是具有口袋特征的兜底条款。最高人民法院显然担心,如果任由各地法官自由裁断,容易极度扩张非法经营罪的范围,使之成为一个失控滥用的口袋罪。因此,要求法官在适用第4项时应当以司法解释有明文规定为前提。

尽管动机良好,导向可赞,但,这仍然是一个不同寻常的规定。因为在正常情况下,既然司法解释未作明确规定,那么,所谓“依法严格把握”,受案法官就应当根据具体案情和自己对法律的理解,独立地作出是否适用法律的判决。

这本来是《宪法》规定的“依法独立行使审判权”的题中应有之义。一直以来,刑法学界也都在呼吁,法官要摆脱对司法解释的过度依赖,充分发挥独立解释刑法的能动性。

而最高人民法院的《通知》,则要求在最高人民法院未作出司法解释的情况下,基层法院不能自己决定是否适用法律,而必须逐级向最高人民法院请示。

但是,司法解释毕竟不是刑法,它本身也是最高人民法院对刑法的一种解释而已,为什么在最高人民法院未作解释的情况下,基层法院就不能独立地解释和适用刑法了呢?

依照《通知》,要在非法经营罪的认定上,部分地取消基层法官独立适用法律的权力,或者说,向上集中到最高人民法院。这不仅仅是司法权的内部配置问题,而是已经涉及是否会抵牾《宪法》保障的独立审判权。

正因如此,最高人民法院的《通知》并不是一个多么理直气壮立场坚定的规定。实践中,有的地方法院对此并不买账。最常见的例子就是,在放高利贷的行为未被司法解释规定入罪之前,不少地方已经出现了构成非法经营罪的判决。

在玉米案中,巴彦淖尔市临河区人民法院的一审判决,似乎就没有把最高人民法院的《通知》放在眼里。对于无证收粮的行为,司法解释未作明确规定,但是临河区法院既未作出无罪判决,也没有按照《通知》要求向最高人民法院请示,而是径直做了有罪判决。

特别是,玉米案被舆论曝光之后,这个打脸的效果被成倍地放大。这下子全国人民都知道了,原来最高人民法院的明确要求,也可以被一个基层人民法院置之不理。

别说最高人民法院,旁观者都觉得脸上挂不住了。怎么办?打回来呗。被告人不上诉,最高人民法院也可以主动启动审判监督程序啊。指令再审!

于是我们看到,在再审决定书里,除阐述一审判决为啥存在法律适用错误之外,最高人民法院再次明确强调,“在司法实践中适用该项规定(第225条第4项)应当特别慎重,相关行为需有法律、司法解释的明确规定”。

法律的含义,就像海绵里的水,只要肯去挤,总还是有的。那含义,或许会让人“于天上看见深渊”,也可能是让人“于无所希望中得救”。

就在那些对于法律含义的反复纠缠中,粗犷的天理和常识,才会缓慢地进化成纤细的法治神经,提升人们的耐心和理性。如果止步于正义的口号,法律可能会在人们顺心时被高呼万岁,也可能在忤逆其意时遭受辱骂,但永远不可能得到真正的尊重。

我见玉米案,看到了历史、技术与权力。每个人的眼里,会看到不同的三重楼。大千世界,慧眼无数,又岂止三重楼! 没有人能踏进空中楼阁,只能拾级而上,最重要的,是去攀登和瞭望的憧憬:

欲穷千里目,更上一层楼!

⑮ 违规经营保险，能否定集资诈骗罪？

导读

熊老汉的二儿子熊二名下经营着规模庞大的A保险公司。A公司在经济危机来临时遭遇重创，熊二指令A公司超出保监会批复的规模，销售投资型保险产品。法院认为熊二的性质是非法集资，且在此过程中，采用了虚构A公司偿付能力及利润、隐藏保费收入和资金真实去向，持续向社会公众提供虚假财务报表等诈骗方法，最终认定熊二构成集资诈骗罪。判决书公开后，引发了各界热议。

熊二案的定性，涉及到对集资诈骗罪各构成要件要素的精细理解：什么是本罪中的"集资"行为？是否一切违反规定的集资行为，都属于本罪中的"非法"？是否各种形成虚假信息的欺瞒手段，都属于本罪中的"诈骗"？如何认定本罪的"非法占有目的"？财产所有人的财产风险是否属于本罪中的"财产损失"？

熊二诈骗案涉及到区分刑事诈骗与民事欺诈之理论探讨的一个重要契机。在充满利益纠葛与立场厮斗的现实问题面前，刑法学并非无能为力，也不应袖手旁观。

作为J城首富,熊二集资诈骗案备受舆论关注。特别是关于集资诈骗的定性,引起了学界的广泛讨论。当然,这些讨论都是以司法机关在网上公布的案件事实为前提的。

过去J城搞了很多年的司法神秘主义,面对舆情再堵截各种真假猜测,有时候也会硬吞下不必要的污水。现在看来,不如公开透明在前,不遮掩问题,不背黑锅,化解社会情绪的总成本反而比较小。这对司法的公信力,乃至整个治理权威的确立,都是弊大于利的。

当然,关键的问题是,司法信息公开之后,是只能接受相同意见,还是也可以容忍不同的理性声音?如果不能容忍异议,那么再多的司法公开,也只是单向度的权力宣示;只有允许理性的不同意见发表,整个司法公开才更有意义。

与熊二个案公正相比,我更关注的是,集资诈骗罪是否得到了正确的理解与适用。以公开的事实为基础,在现行法律框架之内,本着"如何理解和适用集资诈骗罪才是正确的"这一追求一般性公正的立场出发而写的文章,希望能够引起更多的理性、平和的讨论。

非法集资的"集资"

首先来看刑法上"集资"的含义。《刑法》第192条规定,"以非法占有为目的,使用诈骗方法非法集资,数额较大的,处……"如何理解该条中的"集资"?按照纯粹的文义解释,集资,即募集资金的行为。从这一理解出发,只要是在目的和效果上,能将资金聚集起来,都可以涵摄进第192条的"集资"。

不过,这种跳脱刑法典语境的理解,会导致"集资"一词的射程过于宽泛，缺乏规范性限缩，从而令集资诈骗罪的范围几近于诈骗罪了。相对而言，我更赞成把第 192 条中的“集资”，放在整个刑法语境中，进行一个体系性的解释。

的确，“集资”一词，仅在刑法典中出现过一次，即第 192 条集资诈骗罪中。但是，如果把刑法语境从刑法典扩大到司法解释，还是可以做出体系解释。

例如，2010 年最高人民法院《关于审理非法集资刑事案件具体应用法律若干问题的解释》（以下简称 2010 年司法解释）第 4 条规定，“以非法占有为目的，使用诈骗方法实施本解释第二条规定所列行为的，应当依照刑法第一百九十二条的规定，以集资诈骗罪定罪处罚”。

而 2010 年司法解释第 2 条规定的，是《刑法》第 176 条非法吸收公众存款罪的客观行为的各种表现形式。按此，集资诈骗罪中的集资行为，就是非法吸收公众存款罪中的吸收公众存款行为。

当然可以认为，从 2010 年司法解释涵盖的范围来看，除第 176 条的“非法吸收公众存款”外，第 179 条的“擅自发行股票、公司、企业债券”以及第 160 条的“欺诈发行股票、债券”，均属于非法集资犯罪的范围。

不过，对于熊二案来说，销售保险的行为，明显不能被涵摄进“发行股票、债券”之内。因此，在这里讨论集资诈骗罪的“集资”，主要是链接到非法吸收公众存款罪的规定上去。

非法集资的“非法”

按照判决书的认定，熊二的集资行为表现为：“在超过保监会批复规模的情况下,无视监管规定,仍然下达超大规模销售指标,继续销售投资型保险产品。”问题来了,超批复规模违规销售保险的行为,是否属于《刑法》第176条的非法吸收公众存款?如何理解这里的“非法”?

鉴于第176条罪状简单,2010年司法解释第2条进一步细化了各种集资方式。其中,与保险销售相关的是第7项,即“不具有销售保险的真实内容,以假冒保险公司、伪造保险单据等方式非法吸收资金”。

从熊二案的情况来看,涉案的A公司是经保监会批准设立,并登记注册的正规保险公司,不存在假冒保险公司的问题。从判决认定的内容来看,也未涉及伪造保险单据的情形。就这两种情形而言,A公司都不符合。

接下来的问题,既然第7项规定的是“以假冒保险公司、伪造保险单据等方式”,那么,像本案中指控的,超批复规模违规销售保险的行为,能否被解释为第7项中的其他方式?

我觉得很困难。甚至,不仅难以被第7项涵摄,也无法被作为兜底条款的第11项的“其他非法吸收资金的行为”包括进来。理由如下:

第一,基于同类解释的原理,第7项中的列举项,对“等”后的其他方式具有限制功能。其他涉及保险事项的集资方式,在行为性质和危害程度上,应当与前面列举的“假冒保险公司、伪造保险单据”具有相当性。

假冒保险公司以及伪造保险单据的共性特征是“不具有销售保险的真实内容”:此类行为只是打着销售保险的幌子,保险合同是虚假的,实际上并不存在一个保险法律关系,只是以保险名义来行吸储之实而已。因此,与保险相关的其他集资方式,只有符合上述特征的,才能与假冒保险公司以及伪造保险单据的性质等量齐观，进而可以适用第7项。

第二，司法解释第7项专门规定了涉及保险的非法集资行为，与其他项中的非法集资行为类型有明显区分，这说明司法解释制定者已经考虑到了与保险相关的非法集资问题，以保险为名、且达到刑事可罚程度的非法集资行为，都已经被规定进第7项中。

因此，司法者应尊重司法解释制定者的原意，不宜脱离第7项的范围，转而在第11项的“其他非法吸收资金的行为”中，为其他涉及保险的非法集资行为寻找处罚根据。进言之，与保险相关的集资行为，不能被第7项涵摄的，也不能适用第11项。

第三，应当区分非法集资与违规集资。前者是指，行为人根本不具有设立机构的法律根据，或者虚构合同，以保险、股票、基金等名目行吸储之实。

例如，第7项中规定的“假冒保险公司”或者“伪造保险单据”，就属于完全缺乏法律根据的“非法”。后者是指具有资质的合法机构在吸储过程中违规操作。例如，近年来，有多家银行都出现过一些违规销售基金等违反规定操作业务的问题，这些行为显然不能也从未被定性为非法吸储，而至多是违规吸储。

概言之，行政法上的“违规”，不等于刑法上的“非法”。《刑法》第176条非法吸收公众存款罪，以及《刑法》第192条集资诈骗罪所要规制的，是一种非法集资行为，而不宜把宽泛无边的各种违规集资行为，都纳入刑法打击的范围。

这一点，不仅来自刑法的谦抑性原理，也来自比照其他刑法条文的适用规则。

例如,在债权人以暴力或拘禁方式索取债务的场合,由于债权债务关系的存在,因而排除索财部分的“非法性”,整个行为不会按照抢劫罪、敲诈勒索罪或绑架罪论处,而仅仅是针对超出财产的部分的暴力或拘禁行为本身进行评价。又如,只要得到主人许可后进入房间,就排除进入的“非法性”,至于进入房间之后,举止粗鲁不符合社交礼仪,与主人的预期相悖,也不宜认定为非法侵入住宅罪。

再举一个境界可能有点遥远但核心意思相似的例子吧。强奸罪与所谓“婚内强奸”,两者都违反了妇女的意志,就像假冒保险公司与超规模卖保险,都违反了保监会的监管许可一样。但是强奸罪的行为人,完全没有与对方性交的主体资格,其强迫行为根本没有任何法律根据,这就是一种刑法意义上的“非法”强奸。

相反,所谓“婚内强奸”,由于存在婚姻关系,难以从根本上彻底否定其根据,不宜将这种强迫性行为认定为刑法上的“非法”并归入强奸罪,而只能认为这种不尊重配偶意愿的行为,是某种“违规”意义上的强奸。非法集资与违规集资的区分,也是这个意思。

综上,概括如下:

非法集资类犯罪的“非法”,应当是指在集资的主体、资质、合同等最重要的方面,缺乏法律根据或者完全虚假的集资行为。如果集资行为在上述几方面具有法律根据,仅仅是违反相关领域的监管规定,不宜认定为“非法集资”,而只是“违规集资”。

事实上,2010 年司法解释的制定者,已经注意到了这一点,通体考察该司法解释所列举的十种集资方式，这里所说的非法集资与违规集资的区分，可以作为一个共性特征被归纳出来，由此形成非法集资之“非法”的核心教义，指导司法实践正确理解和适用法律。

再回到熊二案。

判决书指出，“在投资型保险产品销售金额超过保监会批复规模后，熊二无视监管规定，仍然下达超大规模销售指标”。法院据此认为，“熊二的行为属于非法集资。保险法明文规定，保险公司应当在保监会批复的范围内经营。熊二指令A公司超出保监会批复的规模销售投资型保险产品向社会公众吸收资金，违反保险法的规定，具有严重的违法性，属于非法集资行为”。

由此可见，本案中认定A公司非法集资的关键，就在于超出批复规模销售保险的行为，能否认定为非法集资？根据本文观点，恐难做出肯定的回答。

A公司具有保险公司资质且经营多年，判决书中也未指控其在赔偿支付方面出现过大面积的不履行合同的情况，在这种情况下，仅仅是违反监管规定、超批复规模销售保险，既无法涵摄进“假冒保险公司”或“伪造保险单据”，也难以评价为与这两种列举行为性质相当的其他方式。

毕竟，就2010年司法解释规定的“是否具有销售保险的真实内容”这一点来说，评价的是行为人有无资质以及与投保人之间的保险合同的真假问题，而不是评价具有保险公司资质的行为人，是否服从保监会监管的问题。就此而言，该案涉及集资部分的情形，更符合“违规销售保险”,而非“非法销售保险”。

集资诈骗的“诈骗”

法院认定熊二构成集资诈骗罪,“(熊二)虚构偿付能力,披露虚假信息,持续向社会公众进行虚假宣传……熊二在非法集资的过程中,采用了虚构A公司偿付能力及利润、隐藏保费收入和资金真实去向,持续向社会公众提供虚假财务报表等诈骗方法”。

如何理解集资诈骗罪中的“诈骗”?是不是各种形成虚假信息的欺瞒手段,都属于诈骗罪意义上的诈骗方法?

回答是否定的。集资诈骗罪是一种特殊类型的诈骗罪,诈骗罪处罚范围的限定,同样适用于集资诈骗罪。不是所有带有欺诈性质的非法集资,都构成集资诈骗罪;不符合诈骗罪基本特征的行为,当然也不能构成集资诈骗罪;在行为仅符合非法集资特征但不符合诈骗罪特征的情况下,只能归入非法吸收公众存款罪中。简言之,需要区分的是,欺诈型(但不构成诈骗罪)的非法吸收公众存款罪与集资诈骗罪。

这一区分,不应当直接跳到主观上的非法占有目的,而是在客观构成要件层面,就必须对诈骗罪的范围进行限缩。在现实的财产交往中,存在各种情形的欺瞒行为。涉及财产交易的事项千头万绪,围绕这些事项的欺诈也百变多端。如果将各种欺瞒行为都认定为诈骗行为,惩罚范围将无边无沿。

作为最后手段的刑法,诈骗罪的设置是为了保护财产交换的对价安全,而不是为了全面保护人们在财产交往中的信任。诈骗罪保障的仅仅是也只能是，财产交换中最重要最核心的部分，即当事人在经济回报上不受欺骗。

因此，只有那些对财产处分的根据和对价产生的错误，才是在诈骗罪中有重要意义的错误。正是基于这样的对价错误，被害人做出了财产处分进而没有收到相应的经济回报，从而遭受损失。

相应地，诈骗罪意义上的隐瞒真相或虚构事实，也仅仅限于那些足以导致被害人在处分财产的根据和对价上陷入错误的欺诈行为，只有这种性质的欺诈，才是诈骗罪意义上的客观行为。

相反，虽然行为人的欺诈与被害人的错误之间有因果力，被害人也处分了自己的财产，但是，只要在处分财产的根据和对价这一点上，并没有被欺骗，那么，这些并非财产处分根据的错误，就不属于诈骗罪意义上的错误。而即使用欺诈手段使得对方陷入这些（不重要的）错误，也不是诈骗罪意义上的欺诈行为。

例如，为了获得客户对自己实力的信任，行为人在办公室里挂满了与一些政商界名人的合影（实际上是 PS 的假照片）。客户信以为真，遂与行为人签订生产合同，并预先付给行为人相应的价款。又如，行为人为了拉拢住客户，欺骗说自己与待售房产的主人非常熟悉，可以帮助客户以最优价格买到房产，客户信以为真遂签订中介协议，并支付了中介费。实际上，行为人仅见过房主一次，两人并不熟悉。

在上面这两个例子中，行为人都虚构或捏造了某些信息，以欺诈方式骗取了对方的信任。但是，对方并不是根据这种信任而直接处分财产，而是由于信任签订了合同。基于这份合同，当事人相信支付款项后会收到对价(产品或房屋)。

如果行为人没有在交易的支付对价上面欺骗对方,最后当事人所期待的用先行支付换得的对价利益,也能够依照约定得到实现,那么,无论在其他事项上有多少欺瞒,也不能因为“若没有这些欺骗,就不会签订合同”,就认定一个刑法上的诈骗罪,而至多是民事交往中不诚信的欺诈行为。因为这种民事欺诈,骗取的是作为财产处分前提的信任,并不必然等同于在对价回报上面也受到了欺骗。

在司法实践中,要警惕对法律进行简单粗暴的拼凑式理解与适用。不能仅仅由于案情中出现了一些欺诈性行为,又出现了某种错误和财产处分的情况,就将这些现象拼凑而成诈骗罪。相反,应当严格检验,上述情形是否符合诈骗罪的核心特征,以及各个构成要件要素之间的逻辑关系。

在非法集资的场合,投资人付出本金之后的期待对价,包括回收本金与获得利息两部分。但由于刑法本来就对这种“投资”持反对态度,因而绝不会保护投资人希冀的利息。

就此而言,非法吸收公众存款罪的司法解释规定的各种虚假内容,要么仅仅是对社会外部虚假宣称而已,要么是投资人对这些虚假信息已知晓或并不在意。总之,投资人抱着投机而进入风险,至多是在利息回报上受骗。但是,只要行为人在返回本金上没有欺骗投资人,就不构成集资诈骗罪。即使最后经营或投资项目失败,本金实际上未能返回,也只能定非法吸收公众存款罪。

因此,在非法吸收公众存款罪中,并不存在诈骗罪意义上的被害人。

按照国务院发布的最新《处置非法集资条例》，这种投资人不叫被害人，而叫作“集资参与人”，这意味着，他们应当自行承担因参与非法集资而遭受的本金损失（自我答责）。

相反，如果参与集资的投资人，在自己的投资本金将会“肉包子打狗一去不回”这一点上受骗，那么，行为人实施的，就不是一般性非法吸收公众存款罪中的欺诈，而是符合了诈骗罪意义上的欺诈行为。

所以，重要的问题，是首先检验客观要件是否符合诈骗罪特征，而不是在客观上稀里糊涂、将诈骗罪与一般民事欺诈不加区分的混沌状态下，直接切入到主观层面的非法占有目的去要答案。

再回到熊二案。

判决认定集资诈骗罪的事实部分，包括“虚构A公司偿付能力及利润、隐藏保费收入和资金真实去向，持续向社会公众提供虚假财务报表等”众多欺瞒行为。

假定上述指控的各种欺瞒情形均成立，对本案是否成立（集资）诈骗罪的关键点，仍然在于偿付能力。因为每一个投保人在签订财产保险合同时，支付保险费的核心对价，就是在财产遭受损失能够得到赔偿。如果对方实际上没有资金偿付能力，在意外损害发生时，就不可能按照合同约定给付保险赔偿，那就是最关键的对价问题上面欺骗了投保人，涉嫌构成诈骗罪。

至于说，虚构公司利润、隐瞒保费收入和资金去向、提供虚假财物报表，以及以超募资金两次增资A集团及A公司等，这些并不是投保人支付保险费所要获取的对价，至多是投保人在信任A公司决定签订合同时的信息不对称，可归入一般性的民商事欺诈的范围，但对于诈骗罪意义上的欺诈和错误而言，并不是决定性的问题。

偿付能力的审查

按照判决书的认定，“熊二将非法吸收的公众资金假借投资等名义转移至个人实际控制的产业公司非法占为己有……将保费用于个人公司还债、投资，具有将保费占为己有的客观行为，并且在长达10多年间不断以新还旧，从未用产业公司的自有资金归还，显而易见具有非法占有的故意……A公司的资产绝大部分都是投资人的保费，由于熊二的行为已造成偿付能力严重不足，已产生实际风险。被害人就是保险投资人，由于保监会接管才避免了投资人的损失。A集团、A公司并无正常公司治理模式，非法集资行为系熊二出于个人意志，为了个人利益利用A公司实施，应当认定为个人集资诈骗犯罪”。

不过，这个认定存在疑问。

在刑事司法实践中，面对包括合同诈骗罪在内的各种诈骗罪案件，认定行为人有无履约和偿付能力的时候，都不是单纯评估合同中的民事法律关系指向的履约方，而是在整体上、事实上考察行为人全部的资产情况。刑法中的履约能力，是指行为人本人在事实上的资金能力，而非行为人使用的法律工具（如公司、企业）在法律上的资金能力。这一点，正是刑事判断的实质性，独立于民事法律关系的形式性之处。

从民事法律关系上来看，违反交易双方的约定，或者违反公司管理规定，资金在不同公司间流转，是生意场中常见情形，通常是一种民事违约或者行政违规。而当这种流转以一种不记账的方式呈现时,会导致各个公司的资金能力此消彼长,此时有可能涉嫌以公司为被害人的挪用资金罪或职务侵占罪。

例如,在熊二被指控的罪名中,还包括职务侵占罪,而这是针对单位财产的犯罪。公诉人指控,熊二将A公司的财产不记账地转入自己控制的其他公司。如该指控属实,那么A公司作为独立法人的财产状况就发生了改变,这对认定职务侵占罪是至关重要的。

但是,对认定刑法上的个人诈骗类犯罪而言,公司名下的资金能力并不重要,重要的是,那个作为犯罪主体的行为人,他个人的资金能力在资金流转过程中是否发生了改变。只有当行为人故意地通过资金的流转和消耗,让自己陷入一种实际上无力偿付或履约的状态时,这才能证明行为人在偿付能力或履约能力这一至关重要的问题上,以诈骗罪(而非民事欺诈)的形式欺骗了交易的另一方。

再来看熊二案的问题。为什么说司法机关的认定存在疑问?

一方面,既然认为本案是熊二个人集资诈骗,那就意味着A公司不是犯罪主体,那么,应当审查的就是熊二个人是否有偿付能力,而不是讨论A公司的财务能力。

另一方面,判决又认定熊二将非法吸收的资金“转移至个人实际控制的产业公司”,这就意味着,这些资金挪来挪去,整体上仍在熊二的个人控制下,这恰恰说明,即使A公司被掏空,但并不影响熊二个人的偿付能力。

这就是指控逻辑的问题所在。既然指控熊二个人犯罪而非A公司单位犯罪，那么，在认定是否在偿付能力上欺骗投保人的问题上，就不应当局限于A公司的资产状况，而必须是整体评估熊二的全部财产偿付能力。

此外，司法机关认定熊二将部分保金用于个人公司的还债、投资、挥霍等等，对此还需要认真核查熊二的整体财产状况，这些情况是否达到了令熊二个人资不抵债以至于“致使集资款不能返还”的程度，是否在客观上熊二已经丧失保险合同约定的损害出现时所要求的偿付能力。

非法占有目的的认定

在诈骗类犯罪中，非法占有目的是必不可少的主要要素。而认定非法占有目的的关键线索之一，往往在于行为人是否“逃避返还资金”。

2010年司法解释，规定了集资诈骗罪中的非法占有目的的几种表现。值得注意的是，无论是“携带集资款逃匿”，还是“抽逃、转移资金、隐匿财产”，或者“隐匿、销毁帐目，搞假破产、假倒闭”以及“拒不交代资金去向”，都不意味着相关款项被消耗，也不意味着行为人丧失客观的资金返还能力。

因此，对这些规定的情形而言，最重要也是关键的共性点，其实是“逃避返还资金”。这表明，即使行为人客观上有履约能力（偿付能力或返还能力），但是主观上不打算履约。这，才是在认定诈骗罪中主观层面的非法占有目的。

现在，再来看熊二案。

在案件审理过程中，熊二的辩护人提出“没有保民因受到损害而报案”,这一点很重要。因为集资诈骗罪的被害人是保民,如果保民在出现保险事故后向A公司索赔,没有得到偿付,这就充分说明熊二存在“逃避返还资金”。

相反,如果所有保险事故均得到了偿付,没有出现逃避偿付的情况,那就难以符合司法解释关于认定非法占有目的的核心要求。因为司法解释规定的“抽逃、转移资金、隐匿财产”等行为方式,都要受到后段规定的“逃避返还资金”的总制约。

换言之,即使行为人实施了抽逃资金、隐匿账目等行为,但是如果对方一提出返还要求,行为人立即能返还的,都不足以认定其“逃避返还资金”,进而否定主观上的非法占有目的。因此,熊二案中是否出现了保民提出要求但未得到偿付的情形,是认定非法占有目的的重要因素,也是司法机关核查的重点。

财产风险与财产损失

针对辩护人提出的“没有保民受到损害”的意见,司法机关认为,“A公司的资产绝大部分都是投资人的保费,由于熊二的行为已造成偿付能力严重不足,已产生实际风险”。

这里引出一个问题,在诈骗罪的认定中,通常都需要产生财产损失的实际后果,仅仅是对财产的具体危险,是否符合财产损失的要件?

回答是肯定的。但由于这涉及诈骗罪的惩罚范围的前移,因此必须要求一种严格的解释。这种危险要求一种终局性的财产流失随即或者有极高的概率出现。[①]

不过,在熊二案中,正如上文指出的,如果仅仅是财产在个人控制下的流动和转移,而个人的财产总量和偿付能力没有丧失的话,尚不能认为对于被害人的终局性的财产损失随即或极高概率地出现。因此,要想认定财产损失的风险,又需要回到前面的问题,那就是证实熊二本人而非 A 公司已经丧失了偿付能力。

最后再谈一点超越个案的思考。

熊二案受到各方关注,但是作为一个法律学者,分析时只是想着,如何尽量让法律得到它独立的尊严,如何解释与适用法律,才是妥当的。

有些人不看分析,只根据他的立场,来评价文章的结论。结论有利于司法机关的,可能被指责是给检法洗地;结论有利于当事人的,可能被斥为坏人帮凶。众口悠悠,那也是无可奈何之事。东北话有云,“听蝲蝲蛄叫还不种地了?”

过去许多年,关于诈骗罪与民事欺诈的区分,关于非法集资类犯罪的认定,刑法理论含糊其词,司法实践莫衷一是,而熊二集资诈骗案,则以一种万众瞩目的方式,把上述问题的纠葛推到了前台。乘司法公开的东风,庭审过程公之于众,让社会公众能够理性的探究,值此契机,也是有助于学界展开彻底性的辩论,把问题研究清楚。

我文中所讲,也只是未必正确的一己之见。在相关问题上,研究零散,本来也没形成什么“通说”。真理总是越辩越明。若有不同意见,欢

---

① 参见陈兴良主编:《刑法各论精释》,人民法院出版社 2015 年版,第 468 - 469 页。

迎理性讨论,看看“通”在何处。

每次出现一些焦点案件或者令人疑惑的判决,总会有人质疑刑法的逻辑。我写文章,不是为了给大众普法,而是想对专业的法律人说,你看,这不是刑法的问题,也不是刑法学的问题。刑法典并不是天生恶法,刑法理论也有能力把问题说清楚。

拉德布鲁赫曾经批评说,实证主义对于德国纳粹的暴行负有责任,使“德国的法学人士阶层完全无力反抗以暴政和犯罪为内容的法律”。但是,这种实证法无抵抗能力的观点,在今天受到了普遍质疑。正如诺依曼的回应,“实证主义并没有构建民族社会主义法律思想的基本模式,而法律现实的那种最糟糕的堕落,才是违背制定法规范的”。[①] 诚哉斯言!

以上,与所有理论工作者和实务工作者共勉。

---

① [德]拉德布鲁赫:《法哲学》,王朴译,法律出版社 2005 年版,诺伊曼所作导论第 3 页。

⑯ 虚报材料骗取补贴，是否成立诈骗罪？

导读

熊老汉的三儿子熊三是 J 城最大的民营企业 B 集团的创始人，多年前因诈骗罪锒铛入狱。当时法院认定，熊三以非法占有为目的，将 B 集团冒充为国有企业的下属企业，通过呈报虚假项目，骗取国债技改贴息资金，构成诈骗罪。熊三不服，一直申诉。多年之后，最高法院终于启动了再审程序，最终判决认定熊三无罪。

熊三案是 J 城历史上第一起由最高法院在本部提审，并直接改判无罪的案件，对于体现产权保护和企业家保护的司法意志和政策导向，具有风向标的意义。但是，只有深度挖掘出熊三案的法律意义，该案才能真正成为标杆。

B 集团的确存在虚报材料冒充国企申报补贴的行为，但是，如果考虑到补贴本质上就是国家对企业的一种无对价的财政支持，又应当如何把握诈骗罪中的“财产损失”？

熊三案的改判，不仅为诈骗罪的理论构建提供了典型案例，而且，由此案阐发的“无意识自我损害”和“社会目的落空”的法理，也为今后的类案处理，提供了一般性的教义学规则的指导。这是司法实践与理论研究之间良性互动的一个生动例证。

凡在J城生活的人,都听说过熊三,J城最大的民营企业B集团的创始人。

多年前,熊三被法院判决犯诈骗罪和单位行贿罪入狱。多年之后,熊三出狱,开始了漫长的申诉之路。再之后,最高人民法院经过审查,决定对熊三案提审,最终改判熊三无罪。

这是史上第一起由最高人民法院在本部提审,并直接改判无罪的案件。

这个改判案件引起了媒体舆论的轰动,但是一些学者认为,这不过是在政策层面强调产权保护和企业家保护的大环境下,顺流而下做出的一个政策性、宣示性的改判,较少法律意义,不值得深究。

但是,对比当初的有罪判决和如今的无罪判决,我发现,这是一个很有意思的案件。更进一步说,无罪判决书中蕴含的法理能量,潜伏其中的一般性裁判规则,迄今为止,还没有被充分挖掘。甚至我都怀疑,做出改判的最高人民法院,自己也未必发现。

改判的政策导向

毫无疑问,熊三案改判的首要意义,是符合当前的政策导向。

例如,否定诈骗罪,背后体现的是对民营企业平等保护和支持的政策精神。过去很多补助,都偏爱国企,民企想要也拿不到,于是出现了各种虚报材料冒充国企的情形。如果说资助政策真能做到,对各种所有制经济门槛平等、机会平等、规则平等,民企不必矮人一头,谁还有闲心去冒充国企呢。

再如，否定单位行贿罪，背后体现的是为企业发展营造宽松环境的政策精神。诚然，有不少企业是为了牟取不正当利益而行贿，但在现实生活中，也有不少企业行贿，是因为得不到或者不能及时、正常、顺利地得到其本应得到的正当利益。

究其原因，是一些掌握权力的工作人员，面对民企，充分展示权力的傲慢。本可正常办理之事，故意为难、拖延甚至赤裸裸地吃拿卡要，在各种条框和程序的夹缝中，把自由裁量权冠冕堂皇地最大化，开辟出寻租空间，导致很多企业不得不曲意逢迎，送礼结交。

虽然，熊三案并未显示出上述情形，但是，无罪判决特别论证因熊三未谋求“不正当利益”而出罪这一点，在如此万众瞩目的案件中强调，实有超越个案的放大效果。

它一般性地宣示，企业为了正当利益诉求而不得不支付“好处费”，不受刑法追究。我觉得这背后还要继续深挖政策精神。即应该追究的，是面对正当利益诉求而吃拿卡要的国家工作人员；应该废除的，是各种过分管制的条条框框；应该反思的，是政府如何为企业发展营造宽松环境。

毕竟，如果能正常、顺利地得到应得的利益，谁又会钱多得非给官员上供不可呢。应该不会有官员真以为，刻意攀交的企业家是被自己的人格魅力所吸引的吧。

不过，上面所说这些，只是体现了司法判例对公共政策的宣示功能。对于职业法律人而言，他们可能更关心的是，在法律的理解与适用上，熊三案有什么新的突破？是否创制了什么新的裁判规则？

申报资格的反转

在否定诈骗罪成立这一点上,核心的问题是,作为民营企业,B 集团有无资格申报国债技改项目?

当初两审法院对此的回答均是否定的。有罪判决认定熊三构成诈骗罪的理由之一,就是 B 集团作为民营企业,不属于国债技改贴息资金支持范围,却冒充国有企业申报项目。但是,最高人民法院的无罪判决则认为,B 集团具有申报国债技改项目的资格。

截然相反的判决结论,依据的却都是《国家重点技术改造项目管理办法》等几份同样的文件。这确实有点令人惊奇。

1999 年《国家重点技术改造项目管理办法》第 4 条规定,“国家重点技术改造项目的企业选择……重点从 512 户重点企业、120 户试点企业集团和行业骨干企业中重点选择领导班子强、管理好、银行信用等级高的国有大型企业和国有控股大型企业”。

2002 年《关于组织申报 2002 年国债技术改造项目的通知》第 2 条规定,“重点支持国有和国家控股的大型骨干企业……促进经济结构的优化,实现国有企业战略性改组”。

如何解读上述规定,确实存在空间。一方面,如果认为文件已经明确规定适用对象为 A,那么,非 A 者不能适用,那就是无须再专门规定的题中应有之义。难道你能申辩说,那厕所门上虽然写了“男”字,但是却未明确说“禁止女性入内”,以此,作为女人进男厕所的理由?我觉得,这就是撒娇了。

另一方面,文件规定用语是“重点支持国有企业”,似乎也存在非国企属于非重点支持范围的解读空间。从这个角度来说，最高人民法院认为“文件没有明确禁止民企不得申报”，而得出 B 集团具有申报资格的结论，也不能说毫无道理。

不过，这个说理，还是让人有生硬之感。毕竟，如果文件制定者的原意真如最高人民法院所说，本来就给民企留出了空间，那 B 集团不直接申报而是以其他国企名义申报的行为就费解了。错案不意味着被告人全无过错。很多诈骗案，客观上确实存在诸多欺诈和违规之处，只是不构成犯罪而已，但也不能走向另一个极端，粉饰被告人所有的错误，把他夸成一朵纯洁的白莲花。

当然，最高人民法院要做出无罪改判，肯定是格外谨慎，所以，希望把话说得面面俱到，不留一点死角，所有可能的理由，甚至是歪理都不放过，这个我也能理解。

好在，这只是个瑕不掩瑜的小遗憾。在我看来，即使从判决书中拿掉“没有明确禁止民企不得申报”这句话，甚至直接承认，依照文件规定 B 集团本无申报资格，也不会影响最后的无罪结论。

因为，接下来，最高人民法院的判决理由说了一段扭转乾坤的话。

“无意识的自我损害”与“社会目的落空”

在最高人民法院对相关文件规定进行“强词夺理式”的解释之后，一段有趣的论述在判决书中出现了。

“2001 年 12 月，我国正式加入了世界贸易组织，由于国有企业三年改革与脱困目标基本实现，国家调整了国债技改项目的投向和重点，在规定的范围、专题内，进一步明确了对各种所有制企业实行同等待遇，同时将物流配送中心建设、连锁企业信息化建设列入了国债贴息项目予以重点支持……

“2002 年 B 集团申报国债技改项目时，国家对民营企业的政策已发生变化，国债技改贴息政策已有所调整，B 集团所申报的物流项目和信息化项目属于国债技改贴息资金重点支持的项目范围。B 集团作为国内大型流通企业，积极申报以获取国债技改贴息资金对其物流和信息化建设的支持，符合当时国家经济发展形势和产业政策的要求。”

这段话的意思，简单归纳一下就是，在 2002 年 B 集团申报项目时，政策上已经不再歧视民营企业，B 集团的申报项目又属于贴息资金重点支持对象，符合国家当时的经济发展形势和产业政策。

可能有人会认为，这有啥意义？既然文件规定本身已经限定资助对象为国企，再说这些宏观政策神马的，都是大而无当的套话，这难道不是为了出罪而用政策强行突破文件规定吗。

但是，在我看来，这恰恰是熊三案中一个值得深度挖掘并提炼一般性裁判要旨的亮点，也是它的最大贡献。

因为，在最高人民法院这段论述中隐藏的，是一个略有些冷门的刑法理论问题，即诈骗罪中“无意识的自我损害”与“社会目的落空”。

诈骗罪是一种财产交换的犯罪。通常情况下的财产交换，都是双向有偿的。双方都是在期待对价而非无偿支出。因此，通常情况下的诈骗案，是被害人错误地认为，他处分的财产，会在经济利益上得到回报。对自己即将遭受的无对价回报的财产损害，被害人毫无意识。这可以称为

“无意识的自我损害”。

问题来了,当一个人明确认识到他的处分行为并无经济回报,并容忍了因此会给自己带来财产总量的减损时,是否还能成立诈骗罪?

例如,某基金会号召为A灾区募捐,籍贯为A的甲,捐款10万元。但实际上,这笔钱被该基金会用于个人挥霍消费。或者,这笔钱被该基金会用于支援B灾区。上述两种情形,如果甲早知道实情,都不会捐款。

在这两种情况下,甲从一开始就知道,他的捐款没有任何财产性回报。因无对价的捐赠而导致财产总量的损减,对此,甲是明知的。那么,这种与绝大多数诈骗案中的“无意识的自我损害”完全不同的“有意识的自我损害”,还能够成立诈骗罪吗?

一种观点认为,只要是由于受骗而支出的,那么在有意识的情况下也存在财产损失。按照这种观点,上面两种情形都构成诈骗罪。

相反观点主张,被害人明知自己是在无偿地付出时仍然处分财产,就失去了对财产价值加以保护的必要。基于这种考虑,财产损失的认定,就不能仅仅从受到欺骗而处分财产这一因果性推导出来,而是要将“无意识的自我损害”作为诈骗罪成立的基本要求。换言之,诈骗罪中的受骗者,还需要对于他的行为所具有的导致财产损失的特征,保持一种盲目的状态。

鉴于此,在上述两种情形中,既然受骗者都认识到自己的财产处分之后,会带来没有经济回报的、不可逆转的财产总量的减少,就都不成立诈骗罪。

但是,无论是在刑事政策上,还是从一般的民众的法感情出发,对这两种情形要么都惩罚、要么都不惩罚的结论，恐怕都难以接受。于是，在承认诈骗罪的“无意识的自我损害”的基本特征的同时，刑法理论上同步发展出“社会目的落空”的例外性理论，使得二者相衔接。

在无偿的交换活动中，财产的奉献其实也并非完全没有回报的，只是这种回报不具有经济价值，而是表现在捐献者所追求的那个非经济性的社会目标的实现。

当捐赠者是为了一种在价值可欲性上得到公认的、无可争议的社会目的而捐赠时，那么，当该目的落空的情况下，就可以认为存在一种财产的社会价值的损失，这就是所谓的“社会目的落空”理论。

由于无偿支出的社会目的落空，这种财产支出不仅对受骗者是一种缺乏理智的、愚蠢的支出，更重要的是，在财产预期使用的社会意义上也是贬值的，因而需要启动刑法的保护。

相反，即使受骗，但只要处分财产的社会目的达到了，那么，从财产的社会意义来评价，至少付出和收获之间就达到了均衡，这种情况下，就没有刑法保护的必要。

从社会一般人的角度来评价甲捐赠 10 万元行为，可以从中抽象出来的社会目的是“支援灾区”。这一社会目的，在第一种情形即“10 万元被用于个人挥霍”时完全落空，但在第二种情形“10 万元被用于援助另外一个灾区”时，还是得到了实现，虽然与甲个人的具体目标存在出入。

由此可见，在这类案件中，是否承认一个财产损失以及诈骗罪的成立，与被害人想要追求的财产使用目标的质量和特性密切性相关。

被害人所追求的目标，要能够在抽象层面上被普遍地承认为一种具有价值可欲性的社会目的,而不仅仅是一种个人的偏好、怪癖或奇想。

例如,实践中经常出现的美色骗财案。与美女交往,心甘情愿地为对方花钱消费,但实际上美女并无与你深度发展之意,吃喝玩乐购物满满之后,发你一张好人卡,就拜拜了。

但即便是发现被骗后果严重到为情自杀了,一般也不能认定为诈骗罪。为什么?就是因为被害人是明知自己在花钱为对方消费,也就是说,在处分财产后并无经济回报这一点上,没有任何错误认识。这种在财产总量上有意识的自我损害,不符合诈骗罪“无意识的自我损害”的基本特征。

你可能会哭喊着说,花钱图个啥,还不是想换来个真心,最后竹篮打水一场空,这还不叫上当受骗吗。

但,一方面,诈骗罪是保护财产交易的犯罪,真心啥的,本来就不属于财产的范畴,所以,在换不来财产性对价这一点上,你应当是明知的,因此属于“有意识的自我损害”。

另一方面,换取异性的感情,这种个人的具体目标,又难以被普遍地承认为一种有价值可欲性、体现财产社会效益的社会目的。因此,也不能援用“社会目的落空”理论来追究行为人。

综上所述,在“有意识的自我损害”的场合,如果不存在社会目的落空,就不成立诈骗罪。

“有意识的自我损害”与“社会目的实现”

现在回到熊三案。

包括国债技改贴息资金在内，各种名目的国家补贴，本质上是国家对企业的一种无对价的财政支持。补贴资金，就是单向度地给予符合条件的企业，并不是要从企业处交换回来某种财产性利益作为对价。

因此，在这个意义上，国家补贴与甲给予灾区的捐款性质相似，是明知无偿（经济上没有具体回报）仍自愿处分的财产。简言之，是一种有意识的自我（财产）损害。

与绝大多数“无意识的自我损害”的诈骗案的认定不同，面对这种“有意识的自我损害”的特殊案件，还需要进一步检验是否存在社会目的落空的情形。

严格按文件规定，国债技改贴息政策的资助对象，原本是国企，但由于 B 集团虚报材料冒充国企，结果最后给了民企。这就像甲最初是打算捐款给是 A 灾区一样，但最后钱给了 B 灾区。

如前所述，无论捐给 A 还是 B，捐助灾区的社会目的并没有落空。现在的问题是，原本给国企的国家补贴，最终流向民企，社会目的是否落空？

最高人民法院的判决，比较充分地回应了这个问题。

在 2002 年，国家对民营企业的政策已发生变化，国债技改贴息政策已有所调整，在 B 集团所申报项目的范围内，国家政策对国企民企一视同仁。B 集团的申报，“符合当时国家经济发展形势和产业政策的要求”。

因此，国家通过贴息政策支持各种企业发展，这一超越具体文件规定的社会目的没有落空，而是得到了实现。

接下来，最高人民法院又论证说，B 集团申报的物流项目和信息化项目并非虚构。“物流项目获批后未按计划实施及未能贷款系客观原因所致，且已异地实施……原判认定B集团申报虚假信息化项目，依据不足”。

项目是否真实，属于事实认定，这不在本文讨论的范围。但是，这个论证逻辑的必要性，是显而易见的。如果根本不存在一个B灾区或者B地区并未受灾，那捐助灾区的社会目的当然就落空了。

同理，法院不仅要阐发国企民企同等待遇的政策，而且，还要继续证明民企申请贴息的项目不是虚构的，才能完整地论证贴息政策的社会目的没有落空。否则，即使是根红苗正、完全符合条件的国企，如果申报项目虚假，贴息政策的社会目的一样会落空。

最后，判决书又讨论了B集团违规使用3190万元国债技改贴息资金的问题。

一审法院认定，B集团将国家发放的贴息资金没有用于申报的项目，而是用于偿还公司其他贷款。这也成为指控诈骗行为的理由之一。

但是，最高人民法院认为，B集团虽然将该笔资金用于还贷，但是，“财务账目上一直将其列为‘应付人民政府款项’，并未采用欺骗手段予以隐瞒、侵吞，且B集团具有随时归还该笔资金的能力”。因此，这仅仅是一种违反国债专项资金应专款专用规定的违规行为，不属于非法占有贴息资金的诈骗行为。

我想特别指出，违规使用资金这一点，尽管在实践中常常被误用，但它对于认定诈骗罪的作用是很有限的。

道理很简单，金钱不是特定物。我给你一元钱，专门说明是买铅笔用的，而你把这一元钱拿去买冰棍了，这是违规使用。但是，只要你最终确实买了铅笔，就谈不上是骗钱。至于说，具体使用的是从哪个兜里掏出的一元钱，还是不是当初我给你的那一元钱，并不重要。

因此，违规使用资金的问题，对于诈骗罪的成立而言，并不具有独立的不法内涵。重要的问题始终是，申报的项目是否虚假。项目建设没有使用专项资金，也有其他资金被使用。只要项目本身是真实的，投入项目的资金来源并不重要。

综上，尽管按照具体规定，民企不具有申报资格，但是在宏观政策层面，对民企的真实项目给予同等支持，符合当时国家经济发展形势和产业政策的要求。就此而言，发放贴息资金的社会目的，没有落空。

因此，熊三案不存在财产损失。正是基于这个法理而非其他，熊三不构成诈骗罪。

财产的经济价值与社会价值

关于熊三案改判在产权保护和企业家保护方面的政策意义，各种文章阐发多矣。本文无意再谈，只想从专业上强调，最高司法机关的改判，对学术研究和司法实践的贡献。

通过熊三案的裁判说理，最高人民法院为以往即使在刑法学界中也没有被普遍理解和充分研究的“无意识的自我损害”与“社会目的落空”理论，如何在具体案件中展开和适用，提供了一个理论落地的范例。

作为学者，我感到很欣慰。这为进一步修正相关理论，提出新的概念模型，推进学术研究，提供了非常好的司法例证与实践素材。

反过来，对司法实务工作者而言，在处理类似涉嫌诈骗罪案件时，也可以充分运用本文从熊三案中挖掘和提炼出来的一般性裁判规则。

第一，普通的诈骗案，要符合“无意识的自我损害”的基本特征。即被害人没有意识到，自己的财产处分并不会得到预期的经济性回报。

第二，通常，“有意识的自我损害”不构成诈骗罪，因为被害人自动地放弃了财产的经济价值。除非，案件中存在社会目的落空的情形，由此例外地引出对财产的社会价值的判断。

第三，社会目的不等于被害人处分财产的个体性具体动机。只有从社会一般观念出发，被普遍承认具有价值可欲性、对整个社会具有积极意义、能够体现财产的社会价值的目的，才能被评价为“社会目的”。

第四，在“有意识的自我损害”的案件中，当社会目的落空时，可以认为财产的社会价值没有实现，被害人遭受了财产损失，此时可成立诈骗罪。

综上，在审查诈骗案中是否存在财产损失时，应当按照财产的经济价值与社会价值两个步骤，依次进行判断。通常来说，只要被害人无意识地遭受了经济价值意义上的财产损失，那么，就没有必要再去审查财产的社会价值。只有在“有意识的自我损害”的场合，即被害人自愿承受财产的经济价值的损失时，才有必要继续判断财产的社会价值。

以上，既可以理解为在学术工作意义上的一种规范性构建，同时，是从像熊三案这样的活生生的司法实践中归纳和提炼出的裁判规则。

过去这些年，我接触过不少与熊三案情况高度相似的各种骗取补贴的案件，少数听取了专家意见，但大多数，最终仍按诈骗罪论处。究其原因，主要是基层实践对刑法理论不熟悉或持犹豫态度，不敢大胆运用。

如今，最高人民法院改判熊三案，为类似诈骗案的处理，提供了一个模板。尽管世界上不可能再出现一模一样的熊三案，但类似案件背后的基本法理，是完全一致的。

唯愿司法实践能够举一反三，认真体会裁判规则来指导办案。因为如果只是简单地跟风政策，完全靠政策导向办案，也很容易出新的错案。

在法治框架内理解和运用政策，这才是学对了地方，也是最高人民法院作为最高司法机关，改判熊三案在法律上的贡献。

理论与实践的互动之美

最后说点案外话。我一直以为，对判例特别是裁判理由的重视和深入研究，是刑法理论开始走向成熟的标志之一。只有立足于中国本土的司法实践提炼理论模型，校验理论观点，中国刑法学才有可能最终摆脱对外国理论亦步亦趋的命运，进而产生自己的主见。

中国地域宽广，人口众多，又处在一个发展很不均衡的转型时期，这个基本国情和时代背景，催生出大量新奇、疑难、挑战既有理论的案例；而对于地域小、人口少、发展均衡的国家来说，这些案例可能是百年难遇的。在这一点上，相比德、日等国的学者，中国刑法学者面对是一座远为庞大的学术富矿。这是中国刑法理论发展的重要机遇。如何从这座宝山之中挖掘出教义学发展的宝藏，检验着刑法学者的智慧。

任何教义学上的概念和规则，如果不能落在一个个具体的判例中显示出其运用和后果，如果不能依附于一个个具体的判例之上得到延续，就不可能有长久的生命力。

事实上，从刑法教义学理论的发展轨迹来看，很多关键概念和重大理论的发明和出现，常常是被一些代表性的判例导引出来的。刑法学者从判例中寻找灵感，构建理论，反过来这些理论又推动新判例的发展。在国外，理论与实践通过判例互动互惠的例子俯拾皆是，众所周知的“癖马案”与期待可能性理论即为适例之一。

遗憾的是，当前国内学界的理论研究，虽然也有些涉及判例，但大多是可有可无的点缀，并不是真正发挥出创新的催动力。这固然与裁判文书不说理有关，但学者自身对理论与案例的勾连缺乏敏感，也是不争的事实。

每当看到一些国外学者在其论著中，熟练地引证本国的判例要旨，通过判例的发展轨迹来支撑其理论，或者用其理论来解说或批驳判例的时候，我就充分感受到，理论与实践之间不是脱节的，而是存在互动之美。

这种互动，不是简单的“理论指导实践”，更不是所谓“实践反对理论”，而是二者水乳交融，互相汲取养分，互相修正和补充，彼此紧密结合，像雪球一样滚动着向前发展，越来越大。在此过程中，不仅形成了学术传统，也形成了司法实践的传统。

我相信，这样的图景，未来一定会在中国出现。包括法官、检察官、律师和学者在内，法律共同体中每个成员的努力，都是以不同方式，参与和推进这个图景的出现。

熊三案的改判，就是一点星星之火。虽然渺茫，我仍衷心希望，最高人民法院起到的是一个表率作用，类似这样有充分说理、进而滋润理论和实践的判例能越来越多，无论是有罪还是无罪。

这，也许未必是最高人民法院改判熊三案的主观意愿，但，确实是它的客观贡献。

后记

决疑术、论题学以及飞驰而过的人生

这本小书，是一个对过往文章重新改造设计后的产物，它在两个方面有一以贯之的追求。一方面，在写作风格上，尝试用通俗方式进行专业表达，面向法律人群体以及对法律有兴趣的社会公众，描绘刑法理论碰撞实践的火花。另一方面，在方法论上，于体系性思考之外引入论题学思考，探索决疑术在法学领域中的运用。

一

谈到评论，一般人通常想到的是报纸上的所谓“时事评论”（时评）。时评写作的黄金年代是21世纪开端的十多年间。彼时微博微信还没出世，自媒体亦未兴起，正是南方报系等纸媒的公信力被互联网加持放大的时代。横空出世的《新京报》雄心勃勃，拿出两个版面做新闻评论版，第一时间纵论天下时事，引领舆论风潮，在知识分子和中产阶层中，形成了很大的社会影响。宽松的言论环境，使时事评论的写作，成为学者介入公共生活的直接方式。那时我博士毕业不久，适逢其时，一个偶然的机会，经由当时在人大读博而今在最高法院工作的何帆的鼓励和推荐，开始涉足时评。和编辑熟了之后，又成为约稿作者。回想起那时的场景，一般是下午四五点钟接到电话，编辑根据当天发生的新闻事件发来选题,需要在晚上八九点钟左右交稿付诸印刷。限时命题的写作过程比较紧张,等到第二天清晨见报时,心情又是轻松愉悦的。看见自己署名的千字评论,已成为飘着墨香的白纸黑字,同时被各大门户网站转发,年轻学者很容易产生指点江山、影响社会的兴奋感。

那两年间我撰写的时评,包括不署名的社论,加起来有几十篇。从监狱黑幕、法庭闹剧、探头隐私、人肉搜索,到高考政审、农民工讨薪、景区门票涨价、小区道路改造,甚至陈冠希的“艳照门”,都在评论之列。有些问题的议论已超出法律专业范围,加上命题作文快速交稿的要求和千字限制,我很快就倦怠了这种公共写作。

现在看来,时事评论具有表面写作和浅层表达的特点。本质上是作者凭着学识积累、新闻敏感和文字能力,在短时间内把一些知识阶层的常识和旧知重新包装整合,投放舆论市场供公众消费的思想快餐。它最大的功能和贡献,在于面向公众进行碎片化阅读但具有广泛性和持续性的启蒙。这同时也决定了它的局限性,即实现不了自由思考和深度写作,不能超出常识边界探索新知,而这对于以追求创新为天职的学者来说,可能是缺乏吸引力因而较难长期忍受的地方。随着兴趣的消失,加上教学科研任务日益繁重,我很快就退出了时事评论的公共写作。在公共知识分子的边缘转悠了几圈之后,终于还是回归了专业研究的老巢中。

二

不同于时事评论的公共写作,在专业写作中也有一种评论形式,即刊发在理论刊物上的所谓“学术评论”。刊物上的学术评论,受众不是一般的社会公众而是特定的学者群体。美国大学里各种“Law Review”上刊发的文章，往往区分“论文”(articles)与“评论”(comments)。《中外法学》《北大法律评论》等国内期刊，就有这样的栏目区分；像《中国法学》等刊物在“案例研究”栏目下刊发的论文，本质上也是一种学术评论。一般来说，“论文”主要是一般性理论的构建或者普遍性问题的研究；而“评论”则是应时而动，针对一本书、一种观点或者一个案例进行分析和议论。在国内学术评价体系中，评论也属于广义上的论文，在“科研成果”的意义上没有差异，因为都有学术品质的要求，即遵循学术逻辑进行理性论证，无论是构建还是批评，都要有理论上的新意。

例如，我曾经在《法学》上发表过《从华南虎照案看诈骗罪中的受害者责任》与《从李昌奎案看邻里纠纷与手段残忍的涵义》两篇论文，它们都属于较为典型的围绕个案展开的学术评论。前者是在国内学界首次引入并运用被害人教义学，讨论当被害人存有怀疑时能否认定“错误”进而能否阻却诈骗罪既遂或成立的问题。后者则是把“邻里纠纷”塑造成一个以熟人社会为情理基础、以特殊预防为刑罚目的、以直接关联性为认定特征的法律概念，把“手段特别残忍”赋予挑战善良风俗和公众底线伦理情感的内涵，使它成为一个以社会一般观念作为判断基准的规范性概念。

与时事评论相似的是，这两篇学术评论的出发点也是某一个影响性事件或者案件。但是与时事评论不同的是：学术评论是由个案引申出来的，不是公共常识或者一般事理，而是专业领域中的理论新意；对话者不是社会公众，而是本专业的学术同行；功能不在于常识性观念的普及或重述，而在于通过个案讨论，引介新理论、解构旧概念或者提出新观点。

三

收录于本书中的诸多文章的原始形态，是我近十年来一种新的写作尝试。它介于上述报纸的时事评论与期刊的学术评论之间，汲取了两方面的营养。

一方面，行文风格偏向活泼，运用了我早年为报纸写时评的一些笔法和通俗化的经验。同时，针对突发的影响性案件，通过微信媒体迅速成文回应，在这一点上也有点像当初写时评面临的挑战。另一方面，在理论追求方面，类似于在期刊上发表的案例研究型的学术评论。我在这些文章中表达出来的，是本人对于困扰司法的一些疑难问题的思考和解答。解答方式，可能是学科前沿的理论思考在个案中的运用展示，也可能是从个案中提炼和塑造一般规则，但无论哪种形式，核心内容都不是重讲专业常识，也不是复述学科通说，而多为本人的一孔之见。写这些文章时，我心中的受众画像是比较广泛庞杂的，有一般的社会公众，也有法科学生，更主要的是面向包括理论同行和实务同行在内的法律人群体。文章风格追求通俗，定位是面向法律人的“深度普法”，寄望于从专业角度阐发的理性力量，而不是包装常识后的文字煽动。

按照现在的学术评价机制，在微信公众号上发表的网文，并不算什么学术成果。依照期刊规范的要求，也不是严格意义上的论文。不过对我来说，却颇有些敝帚自珍的意味。因为它们往往是滞留在我的电脑或者大脑中的、尚未转化为论文形态的个人思考，以一种轻装上阵的方式简洁明快地呈现出来。当然,没有在论文规范的框架内经过长期反复的打磨,观点和表达均难言完善。迅捷回应和通俗化的网文风格,也必然会失落掉很多理论理性的沉潜内敛之美。甚至,功利主义地看,还因此失去了将学术灵感转化为论文发表成为"科研成果"的机会。因为很多思想观点一旦完成通俗化表达之后,自己往往也丧失了再将其进行专业性回炉,改造成学术论文的规范性表达的热情和兴趣。

这些弊端和代价从一开始我就很清楚。但万事皆有代价。在认真考虑之后,我还是决定有所舍弃,做一些处在深度研究和论文发表之外、在我个人看来也很有意义和价值的工作,那就是借助影响性个案被普遍关注的契机,面向学界同行、司法者和社会公众,展示法学理论与实践如何贯通。特别是为了在法律效果上让实务工作者更易接受,在社会效果上让社会公众更易接受,需要采取尽可能雅俗共赏的表达方式,去运用理论挖掘和拆解个案中潜藏的一般性争点,更为广泛和更大程度地发挥理论对实践的指导功能,从而影响更多的被卷入刑事司法中的普通人的命运。在我眼中,这是部门法理论的学术责任,也是一个部门法学者的社会责任。同时,也是对自己写作的一个新挑战。

选择与个人的心境变化有关。随着年龄和阅历的增长,我对法学研究的理解也在扩展。以理论构建为中心的纯粹学理性的体系性研究,能够让学者沉浸性地思考游弋于其中,且有形塑和延续学统的功能,这一直对我有很强的吸引力,只是我现在不再认为它能代表法学研究的唯一或全部意义。在哲学社会科学诸门类中,法学是一门比较特殊的学问。它与生活和实践的关系之紧密,远远超出外行人的想象,即使是刚入这一行的年轻学者,也不容易真切地理解。这与学者个人兴趣无关,而是关乎法学作为一个学科独立存在的价值,又反过来促使以法学为业者反思自己对这个行当的贡献。

近年来,随着与司法实务的接触日益密切,我越来越深切地感受到,法学尤其是部门法理论不能躲进小楼成一统,必须要积极有效地回应本土实践中的真实问题。仅仅是孤芳自赏地满足研究者自身的理论偏好,漠视理论与实践之间的断裂,对个人或许并无减损甚至成就"纯粹学者"的声名,但对部门法学科的发展而言,很可能断了活水,甚至走向偏狭。

认识到这一点,我开始有意识地关注社会生活和司法实践的动态,尤其是潜藏在一些备受关注的影响性案件背后的、在法理上晦暗不明、在规则上模糊不清的问题。实际上,正是因为这些问题的存在,才造成了司法的偏见、困扰和争议,也因此触动了公众的正义直觉,引发舆情关注。可能会让很多"外行人"惊讶的是,这些问题并不是如很多"内行人"标榜的那样,在理论上已得到圆满解决,只是司法实务水平较低而已;恰恰相反,面对这些问题,现有的研究成果往往捉襟见肘,难以精准应对,缺乏可以有效指导实践的学术洞见。

在一篇未收入本书的文章《余金平交通肇事案:基本犯自首、认罪认罚的合指控性与抗诉求刑轻重不明》的结尾处,我发过一段感慨,可以代表自己对上述问题的认识。

"对于这场争议,用句现在时髦的话讲,刑法学者和刑诉法学者可能是"第一责任人"……在评论检法机关的做法是否不妥之前,学者应该首先反思和自省。很多非典型性问题,很多法条之间的衔接和融贯,我们确实在理论上没有充分预估,没有研究透彻。如果理论上对这些问题都研究得比较成熟和到位了,那司法实践遇到问题时,至少可以作为参考,不会出现这么大的分歧……

"学者不能只负责各种理念输出,热衷于立法修法,而轻视具体办案中的法律解释和适用工作,将其当作是司法实务工作者理所当然应该做对的事情。其实,具体法律规范的解释方案,同样是学界应该提供的理论产品。只有学界提供的产品全面、丰富、到位了之后,才能再去评价实务界的适用是否出现了偏差……

"学者必须坚持独立思考,(将个案)当作是研究的契机而不是表态的契机。没有必要去表态支持哪一方,而是多反省问题是不是出在学界自身,理论供给还有哪些不足。努力多提供高质量的研究成果指导实践,这才是对学者自己本职应尽的义务,也是弥合司法裂缝、推进法治建设的最好方式。"

四

本书取名为《正义的决疑》,有多层寄义。"决疑"的字面含义,是一般性地查明真相解决疑问的意思。《左传·桓公十一年》:"卜以决疑,不疑何卜?"《鹖冠子·天则》:"圣王者有听微决疑之道,能屏谗权实。"用在书名上,首先是指透过法律的理解与适用,在每个故事中解决关乎正义的疑问。而与正义相联系,就引出了为本书取名"决疑"的更深一层的寄义。英语中"决疑"(casuistry)一词的字源,来自拉丁文的"个案"

(casus)。相对于抽象层面的泛论,作为神学、伦理学和法学上的一个专门术语,"决疑术"更强调在具体的个案语境中展开某种推理和判断。决疑术根源于希腊哲学与罗马法,而基督教决疑论以及作为其实践核心的、用来决定道德问题的案例教学法的成型,则要到公元1000年之后才出现。关于决疑术的研究和应用,经历了16、17世纪的鼎盛时期,后由帕斯卡尔的批判走向衰落,直至当代在相关领域中又有所复苏。

决疑术是一种实践理性。它追求的不是认知上的确定性和真理性,而是运用理性决定在特定情势下如何行动才算正当,找到可以有效地解决现实难题的妥当方案。这一目标决定了,决疑术在方法论层面与机械推理或数学推理迥然有异:它在本质上是一种明智推理,即亚里士多德所说的实践智慧(Phronēsis),也就是"懂得把大原则应用在具体事例上的'实践思考'"。①这种明智推理或者说实践智慧的运用,表现在决疑术并非"自上而下"地对既有原则进行纯粹的逻辑演绎,而是"自下而上"地从特定的困局出发来解决问题,同时包括了对一般原则和具体情境的考量。

决疑术的思考方法,在中西学术语境下都能寻到脉络。在中国传统文化中,全面体现儒家权说的《春秋公羊传》,就是对具体历史个案的分析,并从中总结出行权的规则。决疑论与经权说的相似之处在于,两者都将着眼点放在解决某个特定的案例上,而非建构宏大的伦理体系。决疑论和经权说都承认这样一个前提:即道德原则和规范无法为所有的现

---

① 参见舒国滢:《决疑术:方法、渊源与盛衰》,载《中国政法大学学报》2012年第2期;舒国滢:《论法学的科学性问题》,载《政法论坛》2022年第1期。

实案例提供指导,需要其他的方法来辅助解决。“经”是儒家总的伦理道德原则,不能顾及方方面面的具体问题,这要靠“权”的灵活变通才能解决。正如程颐所说:“权者,经之所不及也;经者,只是存得个大纲大法正当的道理而已。其精微曲折处,固非理(经)之所能尽也。所谓权者,于精微曲折处,曲尽其宜,以济经之所不及尔。”(高拱:《问辨录》卷六)最为重视孔子权道思想的公羊家认为,现实生活纷繁复杂,权道正是在不违背儒家基本原则的前提下,通过变通的办法来连通理想与现实的不二法门。①

在德国法学方法论的发展史上,由德国学者菲韦格提出的论题学,再现了罗马法时期决疑术的余韵。论题学是对传统法学方法论的一个反动。一直以来,成文法国家特别是德国法学界的主流方法,是基于体系性思考展开逻辑推理。体系性思考对于法科学生的思维训练非常重要。这些年来国内法学界积极引入德国的鉴定式案例分析方法,就是在训练学生的体系性思维。它特别强调思考的顺序和步骤,同时秉持某种信念,相信将遇到的问题扔进体系中,总是可以通过体系内部的逻辑推演得到答案,而无须再借助其他非体系的力量。法律人熟悉的涵摄技术,也可以视作体系思维在微观层面的一个表现。

不过,很多时候,单凭涵摄的程序来“适用”制定法并不足以保证获得公正的裁判。仅仅凭借体系性的思考,往往也难以得到令人满意的结论。特别是面对司法实务中的疑难问题时,体系方法的有效性和唯一性

---

① 黄佳:《决疑论和经权说比较研究》,载许志伟主编:《基督教思想评论》(总第十辑),上海人民出版社 2009 年版,第 245—246 页。

遭受质疑。一方面,不同的体系往往导出同样的答案,其差异性构建的实践价值存疑。另一方面,仅仅因为坚持不同的体系而推导出的方案,其正确性的说服力,又很难令人认同。例如,因为坚持所谓“结果无价值论”的体系立场,而在层层推导之下得出“偶然防卫不需要考虑防卫的主观要素,只凭结果就可成立正当防卫”这一结论,完全不可能说服另外一个坚持行为无价值论的主张者,甚至在后者眼中,会认为得出这一结论的过程根本就是不讲理,而是在重申自己并不认同的体系立场而已。

更重要的是,当把思考的重心放在体系上,那么就会出现根据体系立场,将所有的问题区分为“可解的”和“不可解的”两组,后一组甚至被当做纯粹的假问题而弃置一旁。例如,我国《刑法》第 20 条明确规定了正当防卫成立必须具备防卫目的,即正当防卫是“为了使国家、公共利益、本人或者他人的人身、财产和其他权利免受正在进行的不法侵害,而采取的制止不法侵害的行为”,这一立法规定,显然与一些学者坚持的结果无价值的体系性结论相悖。在法律规定与理论体系有明显矛盾的情况下,如果学者坚持结果无价值论的体系立场,就会无视法条文义或者对其作出扭曲性解释,把偶然防卫实际上处理成一个与正常防卫没有任何差异的“纯粹的假问题”。这就是菲韦格所说的,“体系的投放决定了问题的选择”。①

正是因为体系性思考的不足,尤其是难以单一保证获得妥当公正的裁判,于是出现了论题学的思考方法。论题学是“由修辞学发展而来的

① [德]菲韦格:《论题学与法学》,舒国滢译,法律出版社 2012 年版,第 29 页。

问题思考技术”，它从问题本身出发，从不同方向将包括制定法在内的、有助于解决问题的所有因素和观点，都纳入到考量范围，最终形成相关各方有共识性的解决方案。由此可以看出，体系性思考与论题学思考的差异：前者试图将与问题有关的意义脉络，理解为一种包罗万象的体系，一种逻辑的推导关系，在体系内以逻辑方式运行思考，去寻找解决问题的方案。相反，论题学思考不是从一个大而全的体系中而是诉诸多元体系去寻找解决方案，在与问题相关的范围内，各种体系的理由皆可以为其所用，思考轨迹始终在问题周边环绕，并将各种角度的观点引向问题本身。“论题学思考的‘中心’是各单一问题本身，而不是一种可以囊括各种个别问题的问题脉络或事物关联。”①

不执着于从体系和原则出发的推导结论，而是围绕具体问题探求解决方案的妥当性，在这一点上，中国公羊学中的经权说和德国法学中的论题学存在相似之处。这些思想对于职业法律人在具体个案中应用决疑术，提供了丰富的方法论资源。在我个人的思考经验中，常用的决疑术技巧之一，就在于新旧事例的比较。在缺乏明确可用的成文规则时，需要在包含立法、判例和学说教义在内的整个法秩序中展开联想，找到与新问题相似而又被普遍认同或争议较少的旧事例，然后从旧事例中抽取可以同时涵括旧事例和新问题的规则（新的教义），并将之用于新问题的解决。这里的关键在于事例的比较和规则的提炼，而背后的原则是正义的基本内涵，即相同的事物应当相同处理，不同的事物应当合理区

① ［德］拉伦茨：《法学方法论》，黄家镇译，商务印书馆2020年版，第193页。

分。切换到菲韦格关于论题学的论述,那就是通过解释的形式,“旨在开辟新的理解途径,而又不损害以往的理解途径。做到了这一点,我们就能抓住业已形成的固定化的东西,但这种固定化的东西已经运行至新的观点之下,新的观点经常在完全另一种关联结构中形成,此时则提供一种可能,即为以往固定化的东西赋予一种新的说法。”①

本书中对各种案件的分析讨论,在一些体系性思考的推论之外,多数时候都会运用到上述决疑术的思考方式。读者诸君在翻阅时若有会意处,便是与作者心趣相通,虽然纸面天涯,也算是彼此间遥敬一杯了。

五

本书的出版要感谢很多人。首先是《中国法律评论》(中法评)编辑部。书中的绝大部分内容,在改编之前都发表在中法评的公号上,其中不乏一些阅读量数万甚至 10 万 + 的文章。主编袁方曾在多个场合表示,中法评公号的粉丝,有一半是被我的评论吸引过来的。这话当然是夸张了。客观的说法应该是,中法评公号发展的起步阶段,正好也是我开始有兴趣评论一些影响性案件的时候。在那段同步的岁月中,中法评公号给我提供了一个自由写作和发表的平台,激发了我“以手写心”的创作动力,即使所写的不计入任何学术成果的计算。中法评的主编袁方和公号编辑董飞,每次对我发来的文章都是极度包容,几乎一字不改的同时,又不厌其烦地随时接受我吹毛求疵的修改。每次想起董飞半夜苦

① [德]菲韦格:《论题学与法学》,舒国滢译,法律出版社 2012 年版,第 39 页。

等我文章又在第二天即将推送前忍受我反复撤回调整的耐心，我都会感动和铭记。编作两相欢，相看两不厌。那段公号与作者的蜜月期，内嵌在整个网络言论氛围相对宽松的大背景中。后来随着环境变化，即使是不作为纸刊论文发表的公号文章，各种程序的要求也越来越严格。写作的乐趣对我而言逐渐消失，我写得也越来越少了。

感谢本书责任编辑赵明霞女士，以及法律出版社的多位领导对这本小书的关心。这本书最初的目录构想，是在 2019 年 1 月左右，至今已经有五年多的时间了。其实大部分内容早已齐备，只剩下最后的整理修改而已，甚至于这篇后记也拖了两年。之所以拖了这么久，是因为我并没有动力出一本时效性过强也因而必然会迅速过时的评论文集。后来我想到了现在的重新故事化的改编方式，每一个故事中讨论的法律问题，即使已过去数年之久再回头去看，仍然有超越具体个案进行抽象思考的一般性意义。尽管我的拖延是源于希望作品能够经受住更久一点的时间考验，但是如果没有赵明霞的耐心和催促，这本书的问世可能还是遥遥无期。在这段漫长的等待中，其他出版社的编辑也不断抛来橄榄枝，即使是不能出版也一直关注，北大出版社的编辑杨玉洁女士、得到图书负责人白丽丽女士、译林出版社编审王笑红女士、麦读文化老总曾健先生等，都是曾经给这本书提出过诸多金玉良言的益友和出版人。感谢本书美编马帅的精心设计和对于我各种挑剔的忍受，几年过去把他都熬到离开出版社去日本了，这本书终于也算是出来了。

目前还在德国读书的陈尔彦，以及已经在律所工作的李哲远，这两位聪慧的女生，对本书的文字内容以及编排设计，提出了非常宝贵的修改意见,她们的智慧也都体现在了最终的书稿中。很惭愧拖延至今,终于可以对学生的帮助郑重地说声感谢了。

六

从2019年开始,我就在想,到底为这本小书选一个什么样的封面。我在网上漫无边际地寻找,搜罗过高更、康定斯基、达利、爱德华、丢勒、诺曼等许多画家的作品,集中在一个文件夹中,闲暇时就打开,看看哪一张更入我心。最后选定了墨西哥女画家弗里达·卡罗的一幅作品。

在一辆木质内饰的古老电车中,并排坐着六个形貌各异的旅客。有男人和女人的性别差异,有白人和黑人的肤色差异,有成年人和儿童的年龄差异,有办公室女郎和家庭主妇的职业差异,有穆斯林和基督徒的信仰差异,有经理人和维修工的阶层差异……还有姿态神情的差异:有人目光炯炯,仿佛捕捉到了生财之道;有人拘谨不安,似乎在接受审讯;有人昏昏欲睡,梦中不知何时到站;有人望向窗外,留恋一路风景。

看着这些画中人,我脑海中浮现过无数的联想。有时候,我看到了一个陪审团。就像电影《十二怒汉》一样,来自不同阶层背景的陪审员坐在一起,面对一个有重大社会影响的案件,他们将会如何进行一场"正义的决疑"?有时候,我看到的是一个密室杀人案的现场。就像东野圭吾的小说一样,每个人都在自证无罪并指控他人而凶手就隐藏在其中,如果我是一个大侦探,能否找出真凶,完成"正义的决疑"?有时候,我看到的是一部承载众生百态的社会机器。就像霍布斯笔下的"利维坦",人们被困在一个叫做"国家"或"社会"的车厢里,没有人知道这个怪物会把他们带向何方，面对资源有限且逼仄的生存空间，该如何实现社会的和平与正义？

还有些时候，我仿佛看到了一节飞驰而过的人生列车。画中人就是自己，或者那些曾经出现在我们人生旅途中的过客。就像宫崎骏《千与千寻》里的画面，水上列车驶向辽阔的大海深处，每一站都有人上车也有人下车。这一路上，总会遇见很多刻骨铭心的人和事，但没有人可以陪伴着走完全程，也没有事物能够永恒。“世间好物不坚牢，彩云易散琉璃脆”。越是美好的人和事，越容易消失。这样想来，不免伤感。按照最古老的定义，正义是得到其所应得的，那么，什么又是人生的正义呢？

“就此告别吧

水上的列车就快到站

开往未来的路上

没有人会再回返”

——《千与千寻·亲爱的旅人》

车　浩

2024 年 7 月 5 日于北京大学法学院